3小時讀通

圖解版

次 元

矢澤潔、新海裕美子、Heinz Horeis◎著

前師範大學數學系教授兼主任　洪萬生◎審訂

葉秉溢◎譯

　　請看下方的球體（圖1），本書要從這張圖開始講起。隨著各章節的進行，諸位讀者會看到複雜離奇的多元世界。

　　「多維度」或「額外維度」是物理學界或宇宙論所持有的專有名詞，近年來這些新名詞廣為一般大眾所知，本書的主題：次元，即維度，是科學的新話題，亦是現代社會的熱門話題。

　　圖1的球體看起來與乒乓球不同，球體內部並非中空，所有空間都充滿物質，類似的物體我們稱為立體，或是三維度的物體，有些人還會以

圖1　一個球體

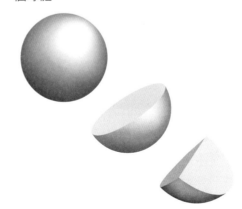

3D（three-dimensional）等名詞來稱呼。

　　無論叫什麼名字，一個球體具有長度、寬度與高度三個軸量，以規定空間擴展的定義，亦即三維度。

　　這裡所說的維度，是數學或物理學的專有名詞，是屬於維度本身的定義，並非引申的社會意義或比喻用法，與「我和你活在不同維度（次元）」不同。話雖如此，我們卻常聽到後者的用法，真要追究，口頭用法終究來自專業術語，因此，本書雖然想解釋維度最原始的定義，但在描述過程，仍不可避免提到口語用法。

　　回歸正題，首先我們用一把小刀，將內部充滿物質的球體（圖1），從正中央一分為二，使兩個剖半球體中間，具有同樣的「面」。這個面有長度與寬度，但沒有厚度與深度，是擁有兩個軸量的「二維」圖形，就此切面而言，三維度球體本應具備的體積（容積）消失，只剩下單一的面積。

　　此時，用同一把小刀，將其中一個「面」，再次從中一分為二，切口會產生一條「線」。這條「線」沒有寬度和深度，只有一個軸量——長度。經由切割球體，先是體積消失，後是面積消失，最後剩下的是只擁有長度的線，也就是一維度，也就是說，長度是「一維度」的本質。

　　讓我們再次用小刀，切割這條位於二維度切口上的線，使線的切口，出現一個無限小的「點」。這邊雖然以「出現」來描述，但這個點，沒有長度、寬度與深度，也沒有面積與體

積。我們可以說，在切開一維度線的那一瞬間，產生了一個從過去轉換到未來的通過點。我們沒辦法觀察這個點的存在性，因為無論在哪個維度中，它都沒有軸量，稱為「零維度」。

由上面看來，我們可以很容易發現一個現象：零維度來自一維度，一維度來自二維度，二維度來自三維度。換言之，各個維度不是獨立的存在，而是低維度隱藏、摺疊在更高的維度中。

這裡談的維度，雖然很容易理解，但近幾年某些物理學家與宇宙理論學者的研究主題：「超弦理論」、「膜宇宙論」或「多重宇宙論（Multiverse）」等，卻是藉多位科學家的研究及預測，才得以誕生的宇宙空間模型，讓我們能夠更直觀地瞭解三維度空間，以及愛因斯坦用相對論推導的四維度時空，而不覺得突兀、難解。

這些宇宙空間包含五維度、十維度、十一維度，甚至二十六維度、無限維度！是「四維度時空＋額外維度」的總空間，有數不盡的相似宇宙空間，肥皂泡泡般，在無垠的時空中，生滅不息。理解維度並不是一件簡單的事，可以說是「難以理解」，英語則是「Mind Boggling」。

本書規劃為三位作者共同撰寫，但是開頭如何寫、由誰寫，是未定事項。共同作者之一，要求以尊重科學的規定與章程為原則，絕不提超出主題的文章；第二人偏向以絕對客觀的觀點，來分析新的假設與理論；最後一人則主張，不懼艱難，展現既樸實又諷刺的寫作風格。因此，本書交錯運用三種互不相容的理念，開拓劃維度的世

界。

　其中一位作者以英語書寫的部分，是由年輕有朝氣的研究者——田中智行先生，代為翻譯。在這裡讓我們對他表示感謝。

　最後，感謝SB Creative的益田賢治主編。主編一直以來都以寬容的態度，面對超時的工作，真是個到達不同次元的專家。

三位共同作者 發言人 矢澤 潔

正文設計‧藝術指導：クニメディア株式会社
書套插圖：山田博之
正文插圖：Yazawa Science Office

CONTENTS

3小時讀通次元

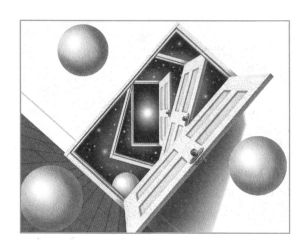

CONTENTS

第 1 章
從零維度到一維度的世界

零維度點所畫出的移動軌跡，會形成一維度的線。表示空間性質的維度，一般由此點與線帶出定義，完整證明。本書第一章要談論古希臘以來的自然哲學家與數學家，一同追尋這些學者研究、考察維度的足跡。

萬物從「點」開始

維度從零維度開始，零維度是一個點。討論維度，必須從「點」講起。

一般人提到「點」這個詞，腦中浮現的都是一個圓圓的小東西，即「點一般的物體」。舉例來說，我們在一張白紙上，用鉛筆或簽字筆一點、一撇畫出的，都是不同的點。

英語的dot與period都是我們日常生活中常用的「點」，但這兩種點與本書所提的「點」（point），是完全不同的東西。紙張和圖畫中的點其實有直徑，用鉛筆在紙上畫一個點，此點的直徑一般約為0.2毫米，如果直徑沒有達到0.2毫米，人的肉眼無法觀察到點的存在，因此畫點這個行為是完全沒有意義的。用筆畫的點，是圓形或圓盤狀的點，而不是數學或物理學上的「點」。

本書所說的點，指在平面上用來表達「某一個位置」的點，但「某個位置」並不擁有任何事物，無論是長度、寬度及高度，或顏色、重量與味道等，這個點完全不具有這些用來描述、標示某物體的量值與標準。這個點僅能表示「這個位置」或「那個位

圖1　兔子的維度

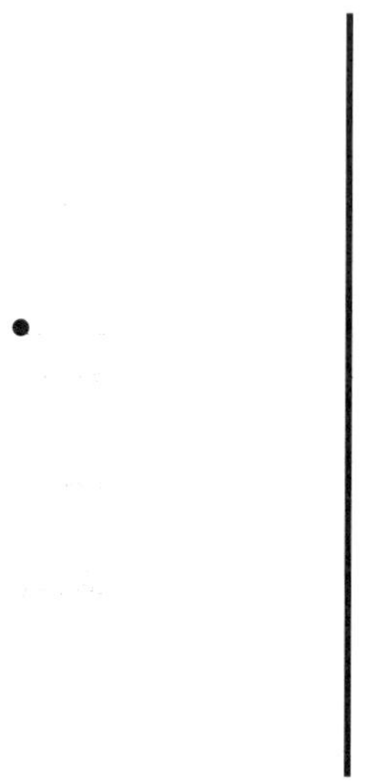

零維度的兔子　　一維度的兔子

（圖：Yazawa Science Office）

置」，是位置的定義，沒有量值與標準，連維度都沒有，所以這個點屬於零維度和零維空間。

　　零維度的代表點，與一維度的代表線，這樣的理論不是由近年的數學家或科學家提出的。

　　兩千多年前，許多古希臘的哲學家已深入研究點與線的主題。其實人類的想法自古以來沒有太大變化，果然「天下沒有新鮮事」啊。

　　現在，讓我們從零維度的點，或是一維度的線，這座小山開始攀爬，作為熱身；接著我們才能挑戰超乎常識的未知宇宙；最

二維度的兔子

三維度的兔子

後循序漸進地進入多維度、額外維度，以征服多維世界的巍峨群山。

「歐幾里得幾何學」誕生

理論上，拉動零維度的點，點的移動軌跡可以畫成一條線。但是，零維度的點其實不是可移動的點，因為此點沒有長度、沒有寬度，是一個無限小的點，不可能移動。

我們雖然可以在紙上畫一條線，但無論怎麼繪製，這條線都會具有一定的寬度，不是一維度的線。依據前文所述，即使是人眼無法觀察到的細線，放大觀察，還是會具有寬度，也就是說，在紙上所畫的線都是有寬度的線段，明顯屬於二維度平面。

柏拉圖出生於西元前427年（圖2、註1），他的老師蘇格拉底於監獄中飲毒菫汁而死之前，曾召集弟子進行哲學辯論，柏拉圖依此資料寫作《斐多篇》。

《斐多篇》主要敘述蘇格拉底如何思辯死亡，或者可以說，記敘蘇格拉底如何試圖從多方面論證靈魂不滅的理論。《斐多篇》指出，在現實世界中，無論線的寬度畫得再細，都無法畫出沒有寬度的，真正的線（一維度）。

但柏拉圖主張，即便真正的線不存在於現實世界，我們仍然可以用理性去理解此線的存在。他認為，真正的線即使無法用肉

註1　柏拉圖（西元前427年～西元前347年）

柏拉圖出生於貴族家庭，師從蘇格拉底，蘇格拉底辭世後，柏拉圖開始四處遊歷，西元前387年返回雅典，創立「柏拉圖學院」，培養許多知識份子，如：亞里斯多德等。柏拉圖認為，世界的真實相貌隱藏於實際存在的現象背後，柏拉圖稱之為「理性思維」，主張要以理性思維去理解人們認知的世界。他的哲學思想保存於《蘇格拉底的申辯》、《國家篇》、《饗宴篇》等多種對話體文章。

圖2　柏拉圖

柏拉圖主張在現實世界中，無法畫出真正的線，但能以理性去理解真正的線。

眼觀察到，仍然存在。

柏拉圖逝世約二十年後，歐幾里得（Euclid，圖3、註2）誕生，他精確地定義一維度線。當時世界聞名的大城市之一，亞歷山大港，面向埃及的地中海，數學家兼天文學家歐幾里得在這裡教亞歷山大大帝（註3）幾何學。他彙整當時的主要幾何學體系，寫作共十三卷的《幾何原本》。

這本著作的第一卷，開宗名義指出，幾何學共有二十三個定義、五條公理，以及五條公設，是幾何學的基礎。

此處提出的公理（Axiom）及公設（Postulate）為引申各主要命題之基礎，是所有前提與假設的定義。

公理指最基本的絕對性原理，公設指近似公理的非絕對性原理，但兩者的差異並沒有明確的定義。

讓我們打開《幾何原本》的第一頁，上面有柏拉圖所提的二十三條定義中的第二定義：「線是沒有寬度的長度」。書上還有其他與一維度線相關的記述，歐幾里得對此進行完整的補充說明：

註2　歐幾里得（西元前四世紀左右）

歐幾里得曾就讀埃及的繆思學院，是亞歷山大港名聲顯赫的古希臘學者，他以多個數學的定義與公理，按部就班地證明各種理論，並確立歐幾里得幾何學體系，彙整成《幾何原本》全十三卷。關於歐幾里得的生平記載不多，大多由身邊的數學家提供。他曾對埃及法老說過：「學問無捷徑。」有人說他教導亞歷山大大帝幾何學，但未有歷史證據。

註3　亞歷山大大帝（亞歷山大三世，西元前356年～前323年）

父親飛利浦二世逝世後，二十歲的亞歷山大大帝，於現代的希臘北部繼位，成為古馬其頓國王。西元前334年征服安那托利亞（現位於土耳其），遠征埃及，建立大城亞歷山大港。西元前331年在高加美拉戰役中，以數萬軍隊擊敗近二十萬波斯敵軍，卻在阿拉伯遠征前，死於巴比倫。

圖3　歐幾里得

古希臘數學家歐幾里得的著作《幾何原本》，至今仍對數學界有著深遠、
持續的影響。

①一線的兩端是點

②直線是它上面的點一樣地平放的線

③面的邊緣是線

④由任意一點到任意一點可以做出直線

⑤ 一條有限直線可以任意延長

　　在學術之城亞歷山大港，收藏歐幾里得《幾何原本》手稿的著名圖書館已遭烈火吞噬，真跡版本因而失傳，現在流傳於世的是手抄版本。現在的《幾何原本》以此手抄本為基礎編寫而成，所以各版本《幾何原本》的定義描述會有些微差異，但基本上是一樣的。

　　序文是現代書籍的基本配備，但是《幾何原本》沒有序文，它開門見山地從二十三定義中的「點（零維度）是沒有部分的」開始說明，而後僅羅列各種定義、公理與公設，雖然有補充說明，卻完全沒有提到這些定義、公理是如何證明與發現的。因

圖4　歐幾里得的《幾何原本》

此，若要給《幾何原本》一句評語，即是論述不夠完備。

　　這本《3小時讀通次元》使用的是日文版本的《幾何原本》，前述五項定義中的②（《幾何原本》第一卷的第四定義），原文是希臘語，譯成英語，再譯成日語，經歷三種語言的轉換，因此出現「直線是它上面的點一樣地平放的線」，或「直線是在其上的點一樣的線」等，意義不明確的譯文。

　　若要較清楚地解說，可以解釋為：「直線由無數個相同的點，平均排列而成。」《幾何原本》不明確的定義讓後世的眾多數學家，多有抱怨。

　　《幾何原本》第一卷中，③被設為第六定義，它的本意是二維度的面包含一維度的線。

定義點與線沒有意義嗎？

　　歐幾里得留存的這本書，敘述平面上的幾何學。歐幾里得是「歐幾里得幾何」（後述）的創始人，但歐幾里得幾何不只運用於面與平面、線與直線。因為歐幾里得認為，他所指的線，還包含切割曲面會出現的曲面邊緣——曲線。

　　曲線可成形於二維空間（平面或曲面）或三維空間（立體），但究其根本，曲線本身依然屬於一維度的形式，因為曲線上的各點距離，只需要單一量值（數值）就能表示。

　　在世界各地我們都能看到許多面，在這些面的邊緣，觀察線，將其視為物體與物體之間的邊界線。先前提過，我們所見的、紙上畫出的線條，都有一定的寬度，因此我們看到的線，並非單純的一維度線。但面的邊緣，即物體與物體（可換成氣體）的邊界，沒有寬度，因此可以算是真正的一維度線，簡言之，無

寬度物體的交接邊緣，為一維度的線。

單憑「無限」無法形成線條

此章開頭提過，若我們移動零維度的點，此移動軌跡會形成一維度的線。這條一維度線，無論是直線或曲線，基本上都是連續的線段，也就是指：連續狀態的一維空間，由無窮多個點所構成。

歐幾里得《幾何原本》指出「直線是它上面的點一樣地平放的線」，令人惋惜的是，《幾何原本》沒有寫到，直線上的點位於這個位置到底具有什麼意義。

然而，在歐幾里得之前，已有人思考過這個「線上的點」問題。他是西元前五世紀，居住於古希臘殖民地埃利亞（位於現在的南義大利）的哲學家芝諾（與斯多亞學派的哲學家芝諾非同一人。註4）

芝諾曾提出「阿基里斯與烏龜悖論」，因此聞名於世。阿基里斯與烏龜悖論的重點為：在含有連續性的一維空間中，能夠得到無窮多的點。芝諾的這個悖論，述說一位以腳程飛快聞名的古希臘神話英雄——阿基里斯，他跑在前進的烏龜後方，卻永遠無法追過烏龜。以下是此說法的論證（圖5）。

阿基里斯以同於烏龜的行進

圖5　阿基里斯與烏龜悖論

阿基里斯到達烏龜第一位置的時候，烏龜會再往前一段距離。所以只要烏

方向，跑在烏龜後面。阿基里斯的行進速度是烏龜的兩倍，但他永遠無法超越烏龜，因為當阿基里斯到達烏龜先前的位置，烏龜已經前進一段距離（阿基里斯行進距離的二分之一）；當阿基里斯再到達烏龜的第二位置，烏龜又已前進一段距離。阿基里斯與烏龜之間的距離由二分之一、四分之一、八分之一到十六分之一……逐漸縮短，但兩者之間的距離（線）可以無窮分割，無限循環，所以阿基里斯永遠無法超過烏龜。

　　這乍看之下是個讓人難以接受的悖論，但此悖論有一個大前提，即是一維度的線可以分割為無窮多個點。

　　在芝諾之後，約經過兩千年，數學家對於一維度的分析與瞭解，有顯著的進步。十九世紀的德國數學家理查德・戴德金（註5）指出，無論在線段上標多少點，都無法完全填滿此一維空間，戴德金以數學形式完整證明此論點。他主張，即便以點無限多次標記、分割線段，這無窮多個點，仍缺少一維度線應該具備的

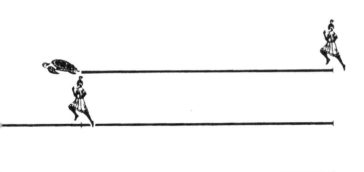

烏龜將比阿基里斯前進一段距離。阿基里斯到達烏龜的第二位置時，烏龜龜還在前進，阿基里斯無論怎麼加快速度，都不能追過烏龜。

「連續性」。

我們測量或評估某事物時，通常會用「數值（number）」來標記，自古以來，數值的標記即運用一維度的線。以日常生活的物品舉例，溫度計上標明數值刻度的直線，稱為「數線」，數線刻度標示的整數呈分散排列（具離散性），但是二分之一（1/2）或三分之一（1/3）等分割整數的有理數，在數線上有無窮多個，例如：2839分之617、1048576分之850325等。

換言之，如同芝諾的理論，兩個數值之間不論距離多短，依然存在著無窮多個有理數，芝諾認為這些有理數具備連續性，而戴德金為反向證明這個論點，提出「線的分割」方法。他切割一條直線，觀察這切割點兩側端點之數值，提出「戴德金分割（Dedekind cut）」（圖6）。

戴德金分割顯示，所有切割點的端點都屬於無理數。無理數是無法使用兩個整數求出比例值的數。一維度的數線，具有無數個無理數與有理數，而無理數與有理數統稱為實數，也就是說，一維度數線上的所有數值屬於實數，至此，戴德金證明在數線上的點，只存在實數的數值。

註4　芝諾（西元前490～前425年）

巴門尼德之徒，因提出四個關於運動不可能的悖論，廣為人知，他並無著作留存於世，但柏拉圖所著的《巴門尼德篇》與亞里斯多德的相關著作都曾介紹芝諾的四個悖論。芝諾之死有兩種說法，一說法指出，芝諾因策反僭主而遭逮捕後，假意要全盤托出共謀者，誘騙僭主上前，趁機咬住其耳朵，至死都未鬆口；另一說法是芝諾被捕後，在民眾面前大罵僭主，呼籲人民快用石頭砸死僭主，接著咬舌自盡。

註5　理查德‧戴德金（西元1831～1916年）

德國數學家。十九世紀時在哥廷根大學，拜當時最著名的數學家卡爾‧弗里德里希‧高斯為師。他明確定義有限與無限，發表實數論，對格奧爾格‧康托爾所著的集合論有貢獻。

一維空間的點都一樣嗎？

然而，一維度數線到底有多少實數呢？很多人的答案都是「無窮」。

但是戴德金有一位朋友，卻有不一樣的看法，這位生於俄羅斯的數學家格奧爾格・康托爾（照片1、註6），曾研究在數學上，一維空間的點有多少個。

長久以來執著於探索「無窮」的康托爾，證明無論線段的長度多少，線段上的點數量都相同，平面與立體空間的原理同於一維度，點的數量也相同。

照理說，這個數量就是所有整數的數量，會多於無窮大，但康托爾卻證明任意形式的一維空間，構成一維空間的點數量「完全相等」，這使眾多數學家不敢置信。

以常識來看（即便換作歐幾里得的觀點：直線是它上面的點一樣地平放所形成的線）都認為，較長的直線比較短的直線長，

圖6　戴德金分割

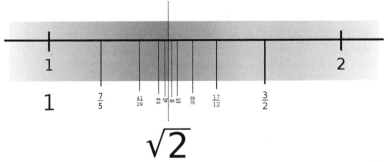

$$\sqrt{2}$$

照片1　格奧爾格・康托爾

長久以來執著於探索「無窮」的康托爾，證明無論線段的長度，線段點的
數量都相同，平面與立體空間的原理同於一維度，點的數量也相同。

註6　格奧爾格・康托爾（西元1845～1918年）

生於俄羅斯的德國數學家。他創立數學的基礎理論──集合論，使用對角論證法，證明實數的數量無
窮多。長年於德國的哈雷-維滕貝格大學擔任導師，晚年受精神疾病所苦，卒於哈雷市醫院。

所以點的數量一定比較多。然而康托爾卻認為，無論是長度1毫米的直線，還是太平洋深處約長一萬公里的海底電纜曲線，或是長達宇宙邊界、令人難以置信的直線，甚至是超越人類想像的無窮長直線，構成這些一維度線的點數量都相等。（圖7）

　歐幾里得的著作提到這個公理：「整體大於部分。」我想所有人都能理解這條公理，但康托爾卻推翻這個公理。康托爾指出，無論多長的一維度線，構成它的點數量都相等，若以空間為觀察對象，則可以引申出「部分等於整體」的觀點。

　零維度與一維度最大的差異在於，一維度具有長度，但零維度只有單純的點，零維度的點代表無量（沒有物理量）；反之，一維度具有物理量，而構成這物理量的點，數量無窮多。

　按照康托爾的假設，我們用希伯來文第一個字母「$\aleph$（aleph）」，假設前文提過的整數數量為$\aleph_0$（alephzero），如此一來，一維度的無窮點數量（無窮數）將會等於「2的$\aleph_0$次方」。

圖7　構成一維度線的點數量（證明法）

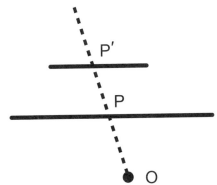

如圖，拉出兩條長度相異的平行線段。在兩條平行線段的外側定一點O，再從O點畫一條穿過兩條平行線段的虛線。虛線與兩條線段的交點令其為P與P'。重複進行這個動作，可以讓P、P'對應到兩線段的構成點上。短線段上的各點都可以不重複地與長線段對應；反之，長線段上的點也可以一對一地對應到短線段上。

總而言之，雖然$\aleph_0$稱為無窮數，但是無窮數的大小仍然有很大的差別。空間代表點的無窮數，等於「2的無窮多次方」讓人完全無法想像，是人們不能理解的數量，這個無窮數甚至得用數學符號才能表現它所代表的意義。

這時產生一個問題。在數學上，一維度的直線和曲線（不論是存在於二維空間或三維空間）都由無窮數量的點所構成，而這些點的尺寸都為零，然而為什麼這些點聚集在一起，會形成一維空間，甚至超過一維空間呢？零所構成的無窮大集合體，應該是零吧？

很遺憾地，這個疑問從古至今，沒有一位數學家有辦法找到令人滿意的答案，而且它還衍生出另一個問題：把數學上的空間定義，直接代入真實存在的物理空間，是否能得到正確解答呢？這個問題我們會在後面的章節深入探討。

直線國的生命

人們生存在三維空間（包含時間的維度），因此通常不會去思考其他維度的世界。如果世界上有具自主意識的生物，存活在一維度的空間，這群特殊生物眼中所見的世界會是如何？不知道你是否有興趣想像這樣的世界呢？

最早提出這個想像世界的人是英國神職人員兼英語教師——埃德溫・A・艾勃特，他二十六歲擔任英國倫敦城市男校（City of London School）的校長。

他著有《平面國》（Flatland）這部以二維度生命為主角的小說。《平面圖》有一章描寫住有點和線等生物的直線國（圖8）。

生存在直線國的生物，眼中能看見的事物，只有位於自己前

後的兩個點。其實一維度線沒有寬度與高度，所以一維度線的斷面所產生的點應該沒有大小，不能被看見，不過我們先把這個問題放到旁邊吧。

圖8 直線國（Line land）

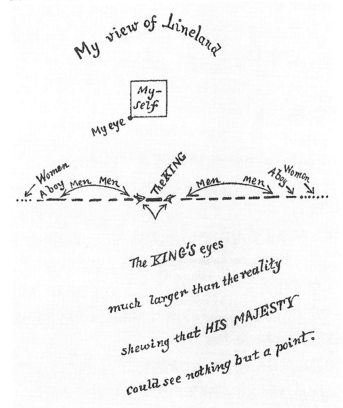

《平面國》作者艾勃特的手繪說明圖。居住在直線國的居民，有的是點狀，有的是長度不一的線條。全體居民排成一列，他們眼中只會看見排在自己前後的居民。
資料來自：E.Abbott, Flatland—A Romance of Many Dimensions（1885）

在直線國，生物沒有辦法與身邊的生物（包括前後的生物）交換位置。因為直線國的移動方向，只能前進和後退，不能擦身而過。他們沒辦法單獨往前跑，因為如果自己一直跑，一定會在某處碰到其他生物，發生碰撞。所以直線國的所有生物都必須保持同方向、同速度地前進，才能順利行進。

直線國雖然為一條直線，但一維度不只有直線，也包含曲線。而在一維度生物的世界中，生物沒辦法分辨直線和曲線，因為他們的運動方向只能全體一起往前或往後，所以彎曲的概念不存在於他們的思考。因此我們能以物理理論推論，生存於三維度的我們一樣無法觀察自己所居住的三維宇宙的形狀。

一維度創造三維度

其實我們所生存的三維空間，真的存在著一維度的生命體，以及一維度的生物分子，例如：人類所畫的地球生物DNA（去氧核糖核酸）分子（圖9）。

二十世紀中期，科學家發現DNA是由排成一列，或說排成一維度的四個基因密碼（四種基本鹼基，即腺嘌呤、鳥糞嘌呤、胸腺嘧啶、胞嘧啶）來擔任傳遞遺傳訊息的角色（註7）。DNA化成具體形象即是一條由四種顏色編成的線（正確的說法應該是兩條線，另外兩條為複製的線）。

二十世紀初期發現的DNA物質形式太過簡單，因此當時的科學家不認為此物質即是基因，他們將蛋白質視為負責傳遞遺傳訊息的物質。

然而後來事實漸漸為人所知，地球生物不停地演繹著某項「特技」：以此DNA的一維度訊息為基礎，不斷建構三維度的蛋

白質。

　　此外，有些平常屬於三維度的物質與現象，在某種特殊情況下，能轉換為一維度，例如：電子在物體中的散布情形，本是三維度的分布，電子是在三維空間移動。而曾獲得諾貝爾物理學獎的日本學者朝永振一郎（註8）在1950年提出一個理論：若使電子

圖9　DNA

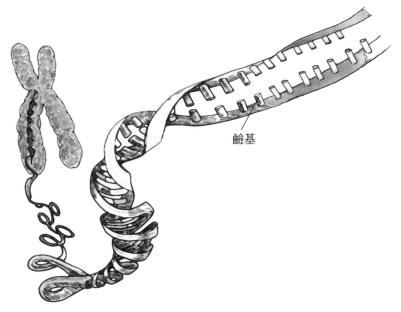

鹼基

鹼基
長條形單鏈上，有四種鹼基排成一維度，而兩條單鏈會成對排列，形成雙股螺旋。

（圖：Yazawa Science Office）

註7

1953年，詹姆斯・杜威・華生與弗朗西斯・克里克共同發現去氧核糖核酸的雙股螺旋結構，兩人共同獲得1962年諾貝爾生醫獎。

只能在一維空間移動，便可以觀察到物體由固體變為液體的變化。

在一維空間，電子的行進通道如單軌鐵路，電子只能走在單一軌道上，因此即使有部分的特殊電子擁有較高能量，移動速度比一般電子快，它們也無法超越前方速度較慢的電子。所以這些電子如同直線國的居民，即便將能量給予某些特定的電子，使其加速，特殊電子也無法高速前進，只能將能量分散，使整體電子群的速度提升，表現出由固體轉變為液體的變化。

這些大量電子所展現的現象，以朝永振一郎與後來改良此理論的美國學者路廷格（Joaquin · M · Luttinger）的名字，命名為「朝永-魯丁格液體」（Tomonaga-Luttinger Liquid）。這個現象是一種量子現象。

當時一維度的運動已被認定為無法在三維度世界，嚴謹地運行，因此這個液體理論被認為只是理論性的存在。直到半個世紀過後，2003年，科學家觀察碳原子互相連接成的奈米碳管（照片2、註9），發現奈米碳管內部的電子是一維形式。這可以說是隱藏於三維世界的「一維世界」，這些電子無視於自己存在於三維空間的事實，演繹著一維運動。

註8　朝永振一郎（1906～1979）

為日本代表性理論物理學者之一。他重整理論，將之導入量子場論，找到避開量子電動力學中發散困難（物理函數無窮大）的辦法，對量子電動力學（QED）具有極大的貢獻。朝永振一郎因此與費曼等人，共同獲得1965年的諾貝爾物理學獎。

照片2　奈米碳管

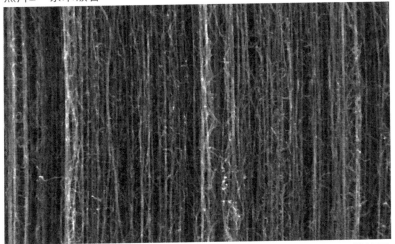

由奈米級（百萬分之一毫米）的碳原子互相連接成管狀，在電子顯微鏡下。
（照片提供：NASA）

註9　奈米碳管

碳原子以六環（部分為五環或七環）互相連結成管狀構造。此由日本物理學者飯島澄男（當時於NEC實驗室）於球碳研究中發現。球碳是由五環與六環的碳原子相連，逐步形成完整的封閉型圓殼狀物質。

不存在於一維度的線

　　雖然我們大致認為線屬於一維度，但有的線並不屬於一維度。如果改變維度的定義，一維度與二維度之間會出現新的維度。這個概念出自十九世紀中期生於德國的猶太數學家費利克斯·郝斯多夫（Hausdorff）。

　　定義維度時，通常要先決定某一點所處位置的數值（座標值），具有一個座標值是一維度，具有兩個座標值是二維度。以座標值定義維度的方式，稱為「拓樸維度」，但是郝斯多夫有不一樣的看法。

　　將一維度的線放大兩倍，會讓線的長度變成兩倍，放大三倍會讓線的長度變為三倍；二維度平面的邊長增為兩倍，面積會變為四倍（2的二次方），邊長增為三倍，面積會變為九倍（3的二次方）；三維度立方體的邊長增為兩倍，立方體的體積會變為八倍（2的三次方），立方體的邊長增為三倍，體積會變為二十七倍（3的三次方）。

　　換句話說，n維度形狀的邊長增大為x倍，形狀的體積會變大為x的n次方。反之，若已知形狀的邊長增大為x倍，與體積變大的倍數，便可逆向推導出n維空間的n值（若邊長增大為x倍、體積變大為A倍，則 $n = \log_x A$）。這種分析維度的方式，我們稱為「郝斯多夫維度」。

　　無論用拓樸維度來定義直線，或郝斯多夫維度來定義直線，直線都屬於一維度，在大部分的情況下，曲線也是一維度。不過還是有例外——碎形（Fractal）。

　　這裡舉的例子是科赫曲線（圖10）。曲線像俄羅斯娃娃，曲

線上的部分圖形，與較大或較小的部分圖形，兩者形狀相似，這些部分曲線甚至與整體曲線的形狀相似（自相似形）。意思是說，放大曲線任一部分的曲線圖形，此放大曲線圖形都與整體曲線形狀相似。這種自我相似的圖形，稱為碎形。

科赫曲線就像碎形。若就單一曲線（線彎曲成銳角或直角，也算是曲線）的觀點來看，科赫曲線應屬於一維度，但若換成郝斯多夫維度的觀點，會出現不同的結果。若以郝斯多夫維度來定義，將科赫曲線放大為三倍，曲線長度會增加為四倍（圖10）。這意味著科赫曲線的郝斯多夫維度大約是1.26倍（等於1.26維度），呈現一個奇異的數值。

即便我們轉換為座標的觀點，科赫曲線仍不能算是一維度。如果將科赫曲線定義為一條線，我們只要知道曲線上的各點，與曲線上某一點的距離，就可以定義各點在曲線上的位置。然而，科赫曲線上的部分區域，內部仍含有無窮多個自相似形，因此兩

圖10　科赫曲線

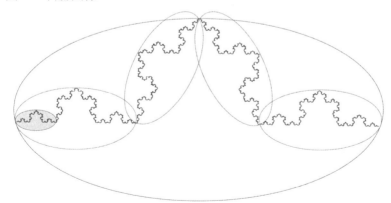

科赫曲線由瑞典數學家科赫所發現，這種曲線的大小不同，形狀卻相同，具有階層式構造，圖形無限重複。　　　　　（圖：Yazawa Science Office）

點之間的距離會變為無限長，無法以單一座標值定義各點的位置，必須用兩個座標值才可決定各點的位置。

　　皮亞諾曲線（圖11）也是碎形。皮亞諾曲線由一條線所構成，此線是一正方形的對角線，若將一平面劃分成無窮個正方形。並以此線連所有正方形的對角，形成一無限長的曲線，原本看似屬於一維度的線便能填滿二維度的平面。皮亞諾曲線在郝斯多夫維度中屬於二維度拓樸維度，亦即二維度，所以皮亞諾曲線是「看似一維度的二維度」。

　　郝斯多夫研究的這種抽象數學，被當時的納粹主義政黨視為「猶太人的無用研究」，使他還被免除波昂大學的教授職位。1942年，他得知逃亡到美國的通路遭到封閉，自己即將被送往集中營，便與妻子、小姨子一起服毒自盡（照片3）。

圖11　皮亞諾曲線

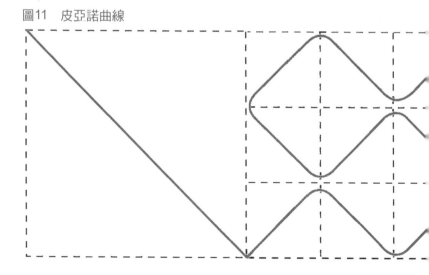

照片3 郝斯多夫之墓

郝斯多夫與家人共同埋葬於德國西部的波昂市。

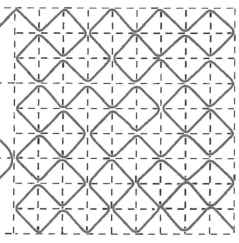

把一個切割成大量正方形的平面，以一條曲線通過所有的正方形。當正方形趨近於無限小，通過正方形的曲線可填滿整個平面。

歐幾里得幾何的出現，成功證明零維度與一
維度的存在，但是很明顯地，歐幾里得幾何
沒辦法完整運用在二維度的世界。直到非歐
幾里得幾何誕生，我們才能夠推測更加複雜
的「彎曲二維度」世界。

來證明「平行公設」吧！

到目前為止，許多跨時代的天才數學家已經解開諸多數學難題，其中有一個證明，是關於歐幾里得《幾何原本》所述的「平行公設」。

事實上《幾何原本》並不是歐幾里得一個人原創的，《幾何原本》的源頭可追溯到古埃及時代。據說古埃及的尼羅河每年雨季都會泛濫成災，使尼羅河流域及三角洲（照片1）堆積大量的肥沃土壤，有利於耕作。但是尼羅河河域頻繁的氾濫，使居民耕作的農地災情慘重，水災退去後，居民甚至無法分辨自己的耕地在哪裡。

這些尼羅河流域居民長年受氾濫所苦，他們為了能在水災後重新劃分農地，而用幾何學進行土地測量。當地居民從實際利益出發，從尼羅河流域的二維度平面出發，帶動幾何學的初步發展，所以幾何學是一門傳承自古希臘的重要學問。

奠基於這種歷史背景，歐幾里得才能以古埃及與古希臘的幾何學為基礎，寫作《幾何原本》，他反覆地證明，建構了複雜的幾何學與數論。這個理論體系，在當時就獲得良好的評價，更得到後世眾多數學家的高度肯定，即使時代不斷嬗遞，《幾何原本》仍是經典的教科書。

然而，後世數學家依然對《幾何原本》有著無法接受的部分，那就是《幾何原本》的第五條公設——平行公設（圖1）的「自明」。簡單來說，自明是「無須證明，很明顯的事物」，就是不言而喻。

後世數學家簡化平行公設，將之解釋為「定一直線，通過此

照片1　幾何學的故鄉

古埃及人長年受尼羅河的氾濫所苦。氾濫造成尼羅河下游產生異常肥沃的河口沖積平原，促進古埃及文明的開展。因為此地居民具有土地測量之需求，促進了幾何學的發展。這張照片是從太空中拍攝的尼羅河三角洲。

（照片：NASA）

直線外的任意一點，且與此直線不相交的直線，只有唯一的一條直線。」也就是說，這兩條直線是平行線。

　　這個複雜的公設，為何直到近代都無人能夠證明，難道沒有人覺得此事不合常理嗎？後來，許多數學家漸漸產生一些想法，他們開始用《幾何原本》平行公設以外的其他公理、公設，去證明第五公設。遺憾的是，這些數學家所有的嘗試與證明，都無疾而終。道理很簡單，因為平行公設不是通用的原理。

　　平行公設有前提條件，第一個注意到平行公設並非通用原理的，恐怕是比歐幾里得晚兩千多年出生的數學家——卡爾・弗里德里希・高斯（圖2、3）。

圖1　平行公設

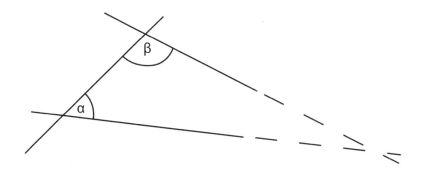

定一條線段與兩條直線相交，線段位於同一側的內角和，小於兩直角（180度）時，兩條直線向小於兩直角的內角那一側延伸，即會相交。

天才兒童所建立的新型幾何學

1777年，在現為德國薩克森邦東北部的布倫瑞克公國，磚瓦工匠之子高斯出生。據說他曾說過，他能夠不使用紙筆，在腦中進行完整的計算。人們將高斯視為天才兒童，高斯約十歲的時候，僅花費短暫的思考時間便回答小學老師的問題：從1加到100的總和是多少？他迅速得到正解5050。聽說他後來經常和別人提

圖2　卡爾‧弗里德里希‧高斯

高斯是與阿基米德、牛頓並列的著名數學家。他是近代數學的先鋒，對數論有特殊的貢獻，在電磁學與天文學也有實質的貢獻。

到這個經驗。

　　少年時代的高斯，在回答這個問題時，並不是從1開始按順序加總。他察覺到，1至100的這一百個數字中，每兩數字相加會成為101的組合（1 + 100 = 101、2 + 99 = 101、3 + 88 = 101……）共

圖3　高斯的著作

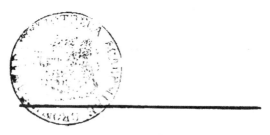

DISQVISITIONES

ARITHMETICAE

AVCTORE

D. CAROLO FRIDERICO GAVSS

LIPSIAE

IN COMMISSIS APVD GERH. FLEISCHER, Jun.

1801.

高斯二十四歲出版有關數論的數學巨著《算術研究》。原文書以拉丁文寫成，是數論的基本概念。

有五十組，所以答案是101的50倍，即5050。

高斯十七歲發現最小平方法（註1），十八歲證明二次互反律（註2），大學時期發現正十七邊形的尺規作圖法。他對物理學與天文學有深度研究，甚至能夠計算出1801年曾經被發現卻從此行蹤不明的小行星──穀神星的運行軌跡。

高斯約十五歲就開始關注平行公設。而後，他發現這條公設雖然無法完全成立，但能建立另外一個沒有矛盾的幾何學體系。根據高斯留下來的研究筆記及來往書信，他最慢應在1816年重寫平行公設，並發展出新型幾何學。

當時高斯對學術界的不穩定與騷亂感到擔心，害怕受到教會迫害（註3），所以只能隱密地與親近的友人進行概要性的研究，無法將理論公諸於世。高斯所處的十九世紀初期，在世界上學術研究最進步的歐洲地區，由研究者及科學家自行公開發表研究成果的情況非常少見，現代社會可刊載研究論文的學會刊物與專業科學雜誌，當時代都還沒出現，當時想要公開研究成果的研究者，只能自己出資印製少量手冊，將這些手冊放置在幾間書店販售，或以郵寄等方式公開發表。

而且，高斯沒有積極爭取屬於自己的研究成果發表優先權。

註1　最小平方法

此指手裡有一連串的測量數據，需要取得最佳的相關曲線（代表模型的函數）時，將測量數值的誤差納入考慮，求得與測量數值有關的最佳相關函數的方法。函數模型是將求得數據與實際測量數據之間的差值平方，加總成最小值。

註2　二次互反律

此指任意平方數除以某個數的可能餘數。（平方數指4、9、16等。）

註3　教會迫害

此一因素幾乎未被史家提及。

先於高斯發表研究論文的法國數學者勒讓德（註4），論文中所使用的詞彙「最小平方法」，高斯也毫不介意地拿來用於其他研究。由此可見，高斯並不在意這些爭論，他寧願更加專注於自己的研究。

歐幾里得幾何學，與非歐幾里得幾何學的發展

雖然有些狀況不適用於歐幾里得的平行公設，但這些狀況仍成立於其他幾何學所建構的「曲面」。歐幾里得的幾何學以縱橫兩個座標軸所構成的平面，來表達二維度的面，因此直到高斯的時代，所有幾何學都還在平面上進行討論與研究，其他可能性完全不受當時的研究者考慮。但高斯卻注意到，如果在曲面上拉兩條直線，有關平行公設的定理將無法成立。

最早出現在世人面前的平行公設反向證明，由高斯摯友的兒子提出。高斯大學時期的友人，匈牙利人波利耶經常與高斯討論平行公設，但多次嘗試反向證明平行公設的波利耶卻完全失敗。

波利耶的兒子亞諾什（圖4上圖）對此主題很有興趣，但父親以自己的失敗經驗告訴亞諾什，最好不要去碰平行公設，當時的波利耶是這樣描述研究平行公設的自己：「我一直以來都在無盡的黑暗中伸出雙手尋找線索，以至於忽視人生的其他光彩與喜悅。」

但亞諾什卻聽不進父親的勸告，堅持研究平行公設。1823

註4　阿德里安－馬里·勒讓德

他與拉格朗日、拉普拉斯，同為法國革命時期的代表性數學家。他以歐幾里得幾何學為主，寫作著名的優良教科書，對微積分研究頗有貢獻。他運用與高斯不同的證明方法，來證明二次互反律。

年，亞諾什二十歲，他在無意間得到與高斯相同的結論。

　　亞諾什及俄羅斯的尼古拉・羅巴切夫斯基，幾乎於同一時期反向證明平行公設，並建構出屬於非歐幾里得幾何學的「雙曲幾何」。

　　亞諾什將平行公設的定義換成：「定一直線，通過這個直線外的任意一點，與前一直線不相交的直線，具有無數條。」並增補歐幾里得幾何學的其他定義、公理與公設，他以這些定理為基礎，導出新型幾何學課題，使我們發現「無中生有的嶄新世

圖4　挑戰「平行公設」的數學家

亞諾什（János Bolyai，上圖）及俄羅斯的尼古拉・羅巴切夫斯基（右圖），幾乎於同一時期反向證明平行的公設，而建構出屬於非歐幾里得幾何學的「雙曲幾何」。

界」。

　　這個新型幾何學由「雙曲面」所組成，很明顯地，這個雙曲面是由負曲率所形成的曲面。這種新型幾何學稱為「雙曲幾何」，而雙曲面就像馬鞍狀的二維空間（圖5）。

　　不久，亞諾什藉高斯寄給他父親的信件得知，高斯已經先行證明且得到相同的結論，因此十分灰心，自暴自棄，使自己的身體健康變壞而感染疾病，最後只好從軍中退役。高斯在寄給某位友人的信件提到亞諾什，他稱讚亞諾什擁有「第一流的天賦」，高斯在與波利耶交流的書信也寫到：「對你兒子的稱讚，等於是變相地讚揚我自己。」但知道這件事的亞諾什卻更加難過。

圖5　雙曲面

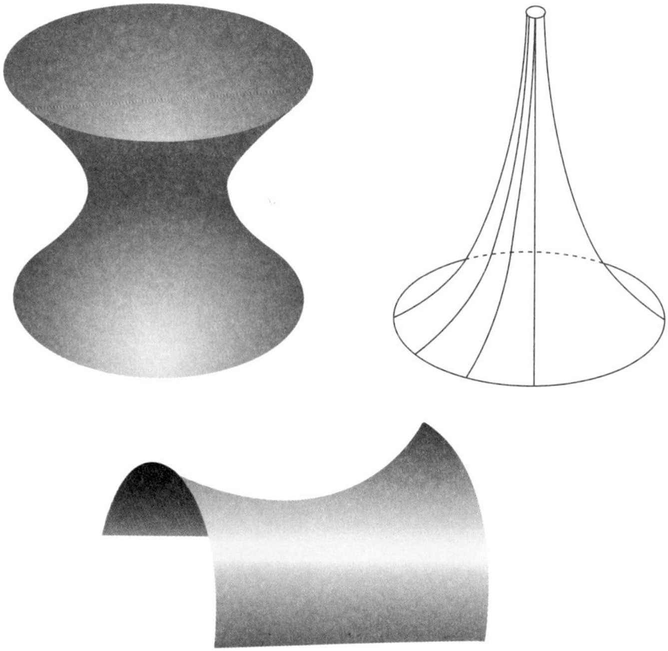

　　同一時期，比亞諾什年長十歲的俄羅斯人尼古拉‧羅巴切夫斯基（圖4下圖）開始深入研究平行公設。尼古拉‧羅巴切夫斯基在1829年，發表與亞諾什類似的雙曲幾何學，約二十年後，亞諾什於1848年初步認識羅巴切夫斯基所發表的論文，亞諾什對這些論文內容給予高度的評價。

　　但是世上的天才數學家能夠從否決平行公設，到促使「非歐幾里得幾何學」開花結果，其中的關鍵人物應是波恩哈德‧黎曼（照片2）。

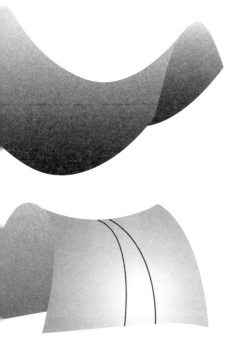

馬鞍狀的「負曲率」雙曲面，在上面的兩條平行線段經過延伸，兩者之間的距離會越來越大。

「黎曼幾何學」的誕生

　　德國數學家黎曼生於1826年，曾留學於哥廷根大學，是高斯晚年所教授的學生。高斯對黎曼的評價是「具有燦爛多元與豐富多彩的獨特創造性」，黎曼繼高斯、狄利克雷（註5），成為哥廷

照片2　波恩哈德・黎曼

黎曼建構「黎曼幾何學」，他在數學領域的推測及猜想，在複變函數論與質數的研究中，具有劃時代的貢獻，遺憾的是黎曼三十九歲便英年早逝。

根大學的教授。

黎曼第一次講述的幾何學相關主題，大約是他在西元1854年，為獲得哥廷根大學教授資格所舉行的就職演講「論幾何學基礎的假設」。此時黎曼的演說重心不在於討論平行公設。

話說回來，曾擔任黎曼導師的高斯，不只對平行公設持否定意見，且逐步擴展出非歐幾里得幾何學，他甚至著手研究曲面（曲面論）。曲面所代表的意義，簡單地說就是二維流形，因此平面的英語是plane，曲面則是surface（水面）。

以歐幾里得幾何為基礎，來討論曲面，通常都會用到長度、寬度、高度這三種必要的量值（座標），亦即在高斯的時代，曲面存在於三維空間。

高斯當時為了收集在德國舉行的陸地大範圍測量計畫（詳情請參照第三章）資料，必需經常來往於德國各處觀測地形，但他對於此事非常不以為然。高斯開始思考，如何把曲面投影於平面，並運用於大地測量學，他想將地球表面的曲面，轉換為具有絕對平坦性的二維度平面地圖。

高斯思考要怎麼做才能沒有偏差地使曲面應用於平面，因而發現了計算曲面彎曲程度的方法（曲率）。

在高斯之前，已有許多類似的投影法，如：麥卡托投影法、摩爾維特投影法（圖6）等，但令人遺憾的是，這些投影法都會使地圖結構產生一定的誤差，因此地圖上的面積與實際面積的比例

註5　彼得‧古斯塔夫‧狄利克雷（1805~1859年）

他是出生於德國的數學家，二十三歲任職柏林洪堡大學教授。1855年，轉任哥廷根大學，承接高斯的教授職位，卻在三年後死於心臟病。在數論中，有狄利克雷定理、狄利克雷分布以及偏微分方程的狄利克雷問題等貢獻。作曲家孟德爾頌是狄利克雷的內兄（妻子的哥哥）。

會產生差異。

　　高斯提出的曲率計算法，如歐幾里得所描述的三維度座標，並不以旁觀者的角度來觀察曲面，而是以二維空間的曲面本質為基礎，僅測量曲面上兩點間的長度（內蘊距離），來定義高斯曲率，而不考慮曲面如何嵌入三維空間。

　　這個意思代表，無論曲面所存在的三維空間，在幾何學上具備怎樣的性質，它在二維曲面上都沒有變化；簡而言之，即便曲

圖6　地球曲面轉換為平面地圖

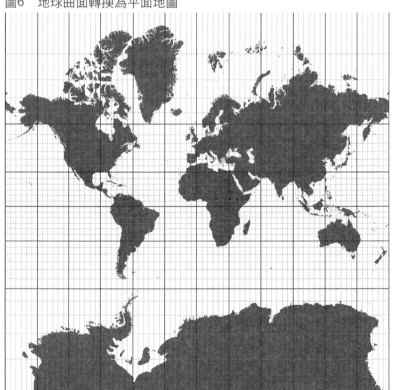

●麥卡托投影法
所有經線與緯線皆為垂直正交，經緯之間具有相等的距離，互相平行延伸。
因此地圖的高緯度地區與實際狀況的距離與面積誤差較大。

面並不是存在於歐幾里得的正交空間，而是存在於三維空間，畫成二維度的曲面，性質依然不會改變。高斯以此假設，把曲面成功定義為「二維流形」（註6）而不是三維度的曲面。

黎曼利用高斯二維度曲面性質，創造新的曲面理論，他運用二維流形的新型理論，擴展出多維度的多維流形。這個延伸的研究即是現代稱為「黎曼幾何」的代表性幾何學。這種新型幾何學的誕生，代表新型幾何學不只是非歐幾里得幾何學，還兼具多種型態的曲面與多維流形等可能性。

對於「論平行公設」這個主題，黎曼所關注的重點，與亞諾什及羅巴切夫斯基等人不同。黎曼關注的是球體表面等具有正曲率的曲面。舉例來說，地球儀上縱向延伸的兩條直線（經線），與橫向的赤道之間，會形成兩個九十度的直角（圖7）。

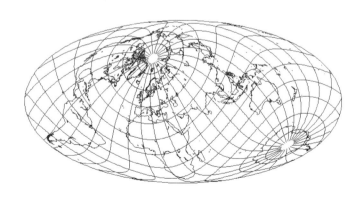

●摩爾維特投影法
與赤道平行的緯線，在高緯度曲，緯線的距離會逐漸縮小。地圖中央的經線與緯線保持互相垂直的狀態，但地圖外側區域的經線，卻會沿著外圍彎曲，呈現橢圓曲線。

此現象違反歐幾里得幾何學平行公設的假設：兩條互相平行的延伸線絕不相交。地球儀的兩條經線，雖是互相平行，卻在南北極兩個點交會。這代表著歐幾里得平行公設在此模型不成立，而平行公設的定義用於曲面必須轉換成「通過特定一點的直線，有無數條與其互相平行的直線」。

黎曼獲得大學教授資格而發表的就職演講所述的理論，獲得高斯的讚美，遺憾的是，黎曼沒有將這個理論寫成論文公開發表。黎曼發表就職演講之後，在1858年繼高斯與狄利克雷，順利成為哥廷根大學的數學教授。

但黎曼的生活清貧，使身體本就虛弱的他，在1862年罹患胸膜炎，病情加劇，出現多種併發症，他在1866年為尋找研究資料而旅行到義大利小鎮的時候，因晚期肺結核惡化，卒於義大利，時年三十九歲。在黎曼出訪義大利期間，他家的警衛整理他散亂的工作室，找出許多研究筆記，不過這些筆記是未完成的研究，因此黎曼拒絕公開發表，使這些研究資料失傳於世。但黎曼獲得教授資格的就職演講內容，在他死後一年以活字印刷術印製成書，正式出版。

黎曼認為，他所提出的幾何學形式，不僅能運用於物理學，對於光、電力場、磁力場、重力場等場理論，亦有輔助研究的作用。眾所皆知，愛因斯坦相對論（又稱四維時空論）便是以黎曼的幾何學為基礎發展而成的，而黎曼自己生前似乎就已經注意到這套理論的可能性。

註6　二維流形

流形是指歐幾里得空間，甚至拓樸空間幾何學的幾何形體，球面是二維流形的經典例子。

二維空間的「正方形先生」世界

　　幾何學經歷高斯、亞諾什、羅巴切夫斯基、黎曼等人的研究，逐步發展出數種非歐幾里得幾何學。以前的幾何學主題都是以平面為基礎的歐氏幾何，但經過各家學者的研究，逐漸發展出二維度曲面的非歐幾何學，後來更擴展到多維空間，其中包含愛因斯坦的相對論與閔可夫斯基的四維度數學。

圖7　地球儀的縱線

球體上的兩條縱線（經線）會在南北極兩點相交。

一般來說，社會大眾不太有興趣了解數學與物理學研究史的進展和各種研究，亦不清楚學界曾發生怎樣的重要事件。不過，當時根據黎曼幾何學發展出來的四維度數學，竟然以令人意想不到的形式引起社會大眾的矚目，使所有人的焦點都轉移至二維度的世界。

1880年，英國數學家查理斯‧霍華‧辛頓（註7）發表一篇名為「第四維是什麼」的論文。身兼科幻作家的辛頓，具備優秀的寫作能力，可將自然科學和數學等研究，敘述成適合一般民眾閱讀的作品。辛頓的論文指出，居住在三維空間的人類，想要理解四維空間的難度，如同二維空間的居民要理解三維空間，非常困難。

辛頓的人生多采多姿，他曾與多名女性結婚而犯下重婚罪，在監獄中服刑一天後移居日本，他還擔任普林斯頓大學的教職，發明棒球的自動發球機等。

前文筆者已介紹過埃德溫‧A‧艾勃特組織辛頓論文的觀念，創作小說《平面國》，描寫居住在平面的二維度生命（圖8）。

一維度的線段有長度，二維度的面則有「形狀」，兩者以此做區別。艾勃特小說已成為經典，書中可見關於幾何學、維度的敘述，小說主角「正方形先生」是完全貼在平面上的，如同其名「正方形」的意義。

在紙上畫一個圖案，將圖案裁下，從側面觀察，人的眼睛只

註7　查理斯‧霍華‧辛頓

使四維空間廣為人知的英國數學家兼科幻作家。他的著作《科學浪漫集》，包含「第四維度」、「平面世界」等九篇論文，這些論文有的使用正方體來闡述理論，有的為了表現正八胞體（四維超正方體）和四維空間的方向，而用「cat」、「ana」（英式英語，cat代表「向下」，ana代表「向上」）等文字。五十四歲死於腦中風。

能看到紙張厚度化成的線。正方形先生是生活在平面上的二維度人，他沒有見過其他人的整體外型。這些二維世界的居民眼中所見的，不只有地平線是直線，所有人甚至是各種物體都是直線（依據一維度的定義，直線並沒有厚度，其實應該無法觀察，但本書暫時忽略這個定義）。

正方形先生住在艾勃特的平面國，從來沒見過二維度的完整形狀，因此他只能想像二維度的形狀。在二維度的世界，雖然不存在高度，卻具有長度，因此二維世界的居民知道自己眼中所見的物體具有形狀，但是三維度高於二維度，所以二維世界居民所

圖8　《平面國》的封面。

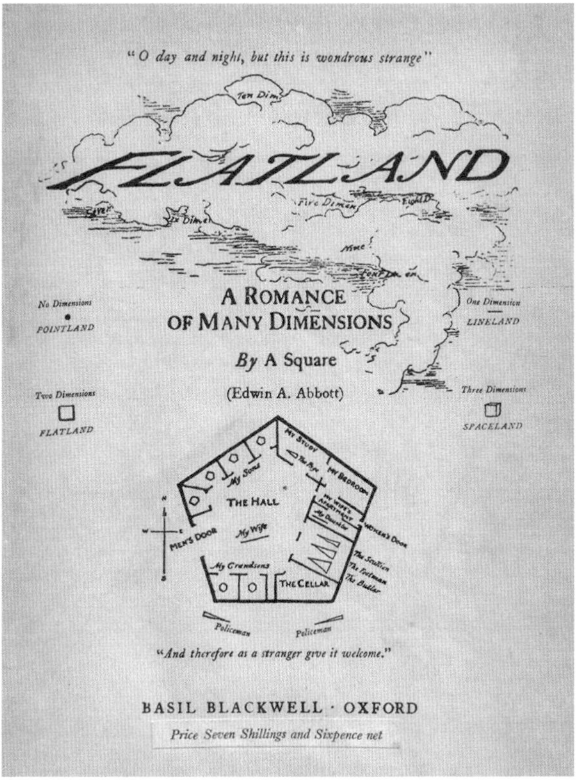

這是艾勃特所著的小說，描寫二維世界的生命。

看到的形狀，與生存於三維世界的我們完全不同。

測量二維世界

假設二維空間居住著如人類一般具有智慧的生物，請問這些生物能夠觀察二維世界的形狀嗎？（參照第58頁「中子星的二維度生物」）

按照辛頓或艾勃特提出的理論，這些居住在二維世界的居民沒有辦法觀察二維宇宙的整體形象，即便此二維宇宙是一個彎曲的曲面，他們也無法了解自己所居住的空間有彎曲。舉例來說，彎曲二維空間中的直線，如地球儀表面的經線與緯線，由居住在三維度歐幾里得空間的人類來看，都是曲線；由居住在彎曲二維空間的居民來看，則是直線。

圖9　二維空間的三角形內角和

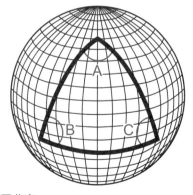

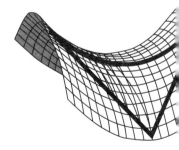

●正曲率
A＋B＋C大於180度，兩條平行線會逐漸分開

●負曲率
A＋B＋C小於180度，兩條平行線會逐漸接近

高斯注意到這個情形，因此著手研究二維空間的內部性質。作為非歐幾里得幾何學的創始者，高斯精通大地測量學（三角測量法），他想出檢查面有無彎曲與如何彎曲的方法。他調查面的性質，決定三點，求得三點互相連線所形成的三個角，亦即在二維度平面上取得三角形的三個角。

「三角形的內角和為180度」是常識。三角形的三個角合計為180度，應用在平面是正確的。

但高斯知道這個常識「只能成立於平面」，如果在具有正曲率的曲面上畫三角形，三個角的總和將大於180度。反之，如果在馬鞍狀的負曲率曲面上畫三角形，三個角的總和將小於180度（圖9）。

由圖9可知，三角形的內角和為180度，只在歐幾里得幾何學才會成立，亦即，生存於二維空間的居民只需測量二維空間中的

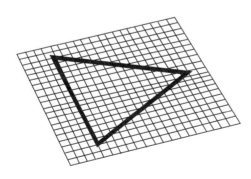

●平面曲率
A＋B＋C等於180度，兩條平行
線永不相交

三角形角度，便能知道自己所處的空間是平坦（曲率為零）或彎曲。

高斯在參與母國的土地測量工作時，設定三個地點，測量這三個地點形成的三角形角度，他以此方法測試歐幾里得幾何學是否能夠運用到我們所處的三維空間。關於驗證歐幾里得幾何學應用到現實空間的主題，將會在下一章進行比較詳細的介紹。

人類的眼睛只能看見二維度

居住在二維世界的二維度生物，只能看見一維度線段，將這原理應用於三維空間，我們可以知道，屬於三維度生物的人類，只能看到二維度的面。

雖然人類雙眼所截取的影像，在本質上屬於二維度平面的，但是四周環境的景色或人物，看起來卻是三維度，這是為什麼呢？人類所見之物看起來都是立體狀，是因為人的兩眼之間有一段距離，這段距離會使左右兩眼截取的影像產生些微差距。人類的大腦會以這兩個影像的些微差距，進行再次合成，使原本的二維影像（不完全的圖像）合成為三維影像，或者可以說，大腦將這些二維影像錯誤讀取成三維影像。最近流行的3D電影與3D電視就是利用此種大腦運作，來使人產生錯覺，但這些影像並非真的是三維影像。

在幾何學中，對人類來說，二維平面所引發的問題是比較容易處理的形式。我們能輕易使畫在平面上的圖形旋轉或變形，若要畫精確的圖形，只需畫必要的輔助線（圖10）。人類因雙眼與大腦的共同運作，能將二維圖形模擬為三維圖形。

　　如果將兩眼看到的二維圖形，轉換為三維圖形（亦即轉換成二維度的曲面），我們所見的圖形只是圖形的一部分。如果要獲得整體圖形，我們必須將物體旋轉，或將平面切開，觀察剖面，以這些訊息為基礎，讓大腦運用想像力合成整體圖形，這樣我們才能解析三維圖形，因為人類不具有直接的三維空間觀察能力。下一章，我們將會稍稍探討日常生活中的三維空間。

圖 10　畫圖形的輔助線

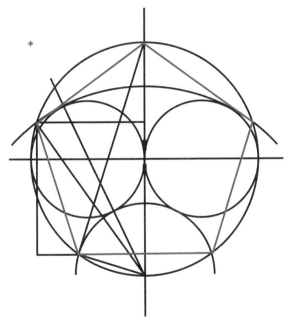

一種正五邊形的作圖法。正五邊形（紅線）以外的線段為輔助線。

中子星的二維度生物

　　筆者在前文曾以比喻的方式提到生存於二維度世界的生物，另外，美國物理學家兼航空工程學專家──羅伯特‧佛渥德博士（Robert L Forward ）所寫的科幻小說也是以居住在中子星的二維度生物為主角。他依據最先進的物理學資訊，寫出生動的小說，其中廣為人知的中子星二維度生物，就是《龍蛋》

照片3　羅伯特‧佛渥德

知名作家，為重力理論的研究者，多年擔任休斯飛機公司研究所的高級研究員。著作包括《龍蛋》等書，廣為人知，卒於2002年。

（照片：矢澤　潔）

（Dragon's Egg）的角色。

　　質量巨大的恆星演化到末期，經重力塌陷引發超新星爆炸後，會產生直徑約20公里的超小型天體（理論上等級更大的恆星產生超新星爆炸，會產生黑洞），這就是中子星。

　　由中子完全充滿內部空間的超高密度中子星，稱為緻密星，這種天體的質量約為太陽的一半，所以中子星的表面萬有引力（重力）為地球的7000億倍。超新星爆炸後誕生的中子星，將以每秒1000轉的超高速開始自轉（但數千年後，自轉速率會降到每秒5轉）。佛渥德博士認為，即便中子星擁有高自轉、高重力的嚴苛環境，中子星仍可能有生命存在。

　　中子星的地表與太陽有部分相似，有部分不同，中子星的表面因高壓，使鐵原子互相壓縮形成結晶，因此地殼密度、硬度、溫度都異於尋常。若中子星因降溫開始縮收，中子星的地殼將會產生無數的皺褶，但堅固的地殼有強力的萬有引力在作用，所以地殼的皺褶會形成「高度僅數公分」的山脈，甚至出現長度為數十公尺、深度約一公里的地表裂縫，切割高硬度的中子星地殼。

　　中子星的地表裂縫，將會噴出含有電子的液態中子流，使因高溫而蒸氣化的鐵蒸氣雲上升到「高15公分」的平流層。經過一段時間，此天體會逐漸形成適合生物生存的多項必要環境條件。最終，生命將誕生於此星體。

　　假設中子星的生物擁有智能，這種生物體的組成複雜程度可用原子數量來推測，大約是10^{25}個原子。這些生物的外形大約直徑5毫米、高度0.5毫米，類似平板狀的阿米巴原蟲，換句話說，他們是具有二維度形式身體的生物，身體的密度為水的700萬倍（圖11）。

　　中子星生物身體的分子反應速度，是人類的100萬倍，因而

這些生物將以人類的百萬倍速率過生活、思考、繁殖與死亡。人類的一年，是此生物的百萬年，人類的一日可轉換為他們的2500年，由此可知，人類的一日對此生物而言，甚至已經歷過多代帝國的興亡。

以此生物的觀點來觀察人類，他們會覺得人體的循環系統效率低劣，行動與說話方式異常緩慢。人類說出一句話的時間，他們已經過完一天。這種可能存在於宇宙空間的二維度生物（雖然嚴格來說不算二維度），佛渥德博士以物理學與生物學觀點，來推測此生物的生存模式與環境。

圖11　中子星的幻想生物

中子星的智能生物，是否生存在比地球大數億倍的強大重力環境，而呈現阿米巴原蟲般的平板狀呢？
　　　　　（插畫：安田 尚樹/Yazawa Science Office）

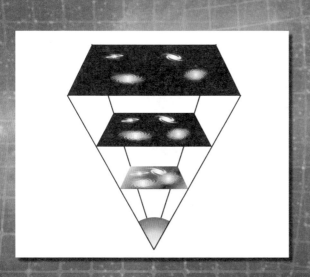

我們所生活的世界即為三維度，然而即便是
這個看似理所當然的三維空間，對物理學家
來說，也不是簡單的世界。空間中是否存在
性質相異的物質？空間與物質是否具有統一
性？解決這些問題需涉及牛頓的絕對空間，
以及稱為宇宙的空間，甚至是三維空間的非
連續性等理論。

空間與物質是相同的事物

挪動一維度的線，其移動路徑會形成二維度的面；移動二維度的面，則會形成三維度的立體空間。存在於這個現實世界的一切「實質」物體，都是三維度物體——至少由元素所構成之物體都是三維度物體，具有一定的質量，具有容積、體積。此存放著各種實質物體的「空間」是三維空間。

這個三維空間究竟是什麼樣的空間呢？人類自古以來便經常抬頭觀察太陽、月亮、行星，或是遙遠的恆星等天體，所有人在

圖1　勒內・笛卡兒

法國哲學家、數學家及自然科學家，有「近代哲學之父」之稱。1637年出版第一本著作《方法論》。發現「慣性定律」與「動量守恆定律」等屬於自然科學領域的定律。

觀察這些天體的當下，一定都曾經詢問自己這個問題。

　　針對這個問題，十七世紀的法國哲學家勒內・笛卡兒（圖1）主張物質充滿所有空間，而以此求得理論模型，延伸出「沒有物質的空間就不會存在」的見解，主張「絕對空間」並不存在。

　　依笛卡兒的看法，物質的本質正是「空間形式的延伸」，空間與物質其實沒有差異。沒有物質的空間，就是「真空」，但笛卡兒認為這是不可能存在的空間，他主張無限大的宇宙空間充滿名為「乙太」的未知小粒子。

圖2　笛卡兒空間

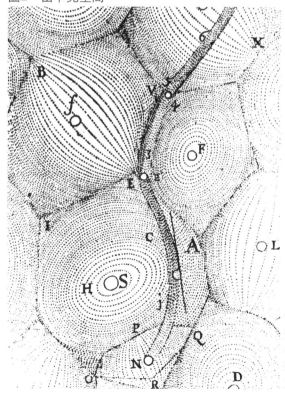

笛卡兒假設，宇宙空間被乙太粒子填滿，他認為乙太在眾多恆星的周圍會形成漩渦，進行環繞。中央區域的S記號代表太陽。

宇宙空間因為乙太粒子形成的漩渦運作，而推動周圍的眾多行星，進行公轉（圖2）。

　　笛卡兒的這個看法，引述亞里斯多德所假設的宇宙空間概念。亞里斯多德的宇宙空間概念主張，存在於月亮軌道之外的「恆星球」被透明的乙太粒子所填滿，而天體的內部空間有限，外部空間則不存在任何東西，因此，天體的外部空間是不存在的。這個由亞里斯多德所建構的理論，使古希臘的大多數哲學家都認定物質與空間具有無法分離的統一性。

　　1647年，笛卡兒五十四歲，他在同一國籍的年輕科學家巴斯卡（註1）家中暫住兩日，兩人對於不存在物質的空間（真空）是否存在的主題進行激烈的辯論。當時巴斯卡二十四歲，他與笛卡兒之間的意見和立場都不同。巴斯卡對在義大利舉行的托里切利的真空實驗很有興趣，他為了得到更精確的實驗結果而試著自己

註1　布萊茲‧巴斯卡（1623~1662年）

法國數學家、物理學家、哲學家，也是機率論的創造者。16歲建立投影幾何的其中一條基本定理，稱其為「巴斯卡定理」。十九歲發明可四則運算的齒輪計算機，是位早熟型天才，遺憾的是巴斯卡三十九歲便英年早逝。

註2　托里切利的真空實驗

義大利的物理學家埃萬傑利斯塔‧托里切利於1643年第一次進行實驗，證明真空的存在。他使用水銀灌滿長玻璃管，將玻璃管的一端開口封閉，另一端開口置於盛裝水銀的容器中，把玻璃管直立，使得上半部分玻璃管變成真空。

完成真空實驗（註2），並依據實驗結果確信真空的存在。

　　然而笛卡兒卻不認同巴斯卡的看法，他寄給某位熟人的信件，寫著如此嘲諷的短評：「看來他的腦袋應該是被真空填滿吧！」

　　巴斯卡被笛卡兒如此批判卻絲毫不在意。1648年，巴斯卡拜託他的姊夫按照自己的設計，到位於法國中南部的多姆山（海拔近一千五百公尺）進行測量大氣壓力的實驗（照片1）。由於巴斯卡自小體弱多病，需要長時間待在病床上，所以無法親自參與測量過程。

　　實驗結果顯示，海拔高度上升，大氣壓力就會下降。當時的巴斯卡對這個結果並不在意，只將它用來推測位於遙遠、廣闊無際宇宙的真空空間。

照片1　多姆山

巴斯卡測量大氣壓力的地點。

笛卡兒以及當時的眾多科學家都認可這個實驗結果，且不得不認同巴斯卡的主張：大氣層彼方存在著真空空間。古希臘哲學家認為，空間是物質的附屬品，這個想法被完整地傳承至兩千年後的時代，直到牛頓出現。

牛頓的三維度「絕對空間」

　　艾薩克‧牛頓（圖3）的出現使學術界劇變。

　　十七世紀，牛頓在英國致力於研究神學、化學、天文學與物理學等，他交叉研究多種學科，如自然科學、數學等，為科學史刻下一道震驚世人的痕跡，留下名為「牛頓力學」的經典理論。令人惋惜的是，牛頓於五十歲左右，可能是因為練金術實驗所造成的汞中毒，或者是因為研究與人際關係所帶來的壓力，使他的精神狀態不穩定，只能放棄所有研究，他從1699年開始擔任皇家造幣廠監督，直到逝世都無法回到自然科學領域進行研究。

　　牛頓致力於觀察物體如何運行，導出物體的一般運動定律。他甚至研究產生物體運動的原因，並得到這個結論：物體會落下，是因為地球具有重力（萬有引力）。

　　要以方程式來表示運動定律，必須獲得三維空間用來標示各點位置的三維座標，所以牛頓先假設，三個互相正交的座標軸（三個維度），亦即一個包括長度、寬度、高度的座標系統。這個正交座標系空間在歐幾里得幾何學是成立的，所有人都認同。

　　但我們不可輕忽的是，牛頓將這個三維座標空間定義為「神所賜予的宇宙」，是永恆不變的宇宙，他將此三維座標空間定義為「絕對空間」（圖4）。

　　他的物理學運動法則巨作《原理》寫到：「絕對空間的存在本質是，任何外在事物都不會對它產生影響，無論何時都是不移動、不變化的空間。」

圖3　艾薩克‧牛頓

伽利略‧伽利萊逝世當年（1642年），牛頓出生於英國，是物理學家、哲學家、數學家。牛頓具有光學頻譜、萬有引力、微積分這三大發現，是開創近代物理科學的偉大科學家。

牛頓提出「無物質存在的三維空間」的假設，卻遭到同一時期的德國哲學家哥特佛萊德・萊布尼茲（註3）的無情批判。萊布尼茲是一位德國數學家，他與牛頓爭奪發現微積分的先後順序（牛頓堅持是萊布尼茲竊取他的發現），此外，萊布尼茲為眾人所知的事蹟，還包含他所提出的「單子論」（註4）。

　　萊布尼茲在給英國數學家塞繆爾・克拉克的信提出「空間的實際存在性，只存在於人類的大腦」以及「因為空間中存在著物質，才會使空間中的位置具有意義」等假設。克拉克也是牛頓的友人，透過克拉克，以書信方式和牛頓進行長期辯論的萊布尼茲主張：「空間是各個位置的秩序，或使各個位置能夠排列的秩序；而抽象的空間就是人們所設想的，各個位置可能有的秩序。」然而，若沒有物質就能成形的絕對空間存在，我們便不可能把沒有物質的空間分成不同區域，所以這條假設是不合理的。

圖4　牛頓的「絕對空間」

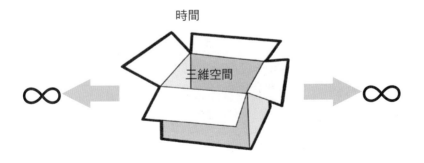

牛頓認為，三維空間無論何時何地都是不變化、不移動的獨立存在，而無論在什麼地方，時間通常是以同一速率行進。

　　對於當時的萊布尼茲，甚至是多數的哲學家和自然科學家來說，空間的概念是以哲學信念為基礎，假想出來的模型。當時幾乎所有人都無法對這個假設模型予以觀測與實驗，因此無法驗證此模型是否真實。

　　牛頓則不如此，他特別重視理論的可驗證性。牛頓為了證明三維空間不會受任何外在事物影響，是個無變化且具有絕對性的空間，而於1689年進行著名的「水桶實驗」（圖5）並將實驗結果公開於世。

　　他先將水桶裝滿半分滿的水，用繩索將水桶懸吊於空中固定位置，再將水桶緩慢地旋轉到繩索緊繃的程度。此時他以雙手固定水桶，維持繩索的扭緊狀態，直到水桶的水面恢復完全平靜的狀態。水面恢復平靜後，他將雙手放開，使水桶因為扭緊的繩索被放開而產生的力量，開始在原處旋轉。水桶剛開始旋轉時，水桶的水還是處於平靜狀態，水面保持水平，不久後水會因為摩擦力而開始朝同方向旋轉，隨著旋轉速率的增加，水面中央將產生凹陷，邊緣向上突起。

註3　哥特佛萊德・萊布尼茲

德國的哲學家與數學家。二十歲便寫作《論組合的技術》成為通用語言學的經典。他是位通達自然科學、社會科學、人文科學等多種學科的外交官。1700年成為普魯士科學院的創建者兼第一任院長。後來漢諾威公爵格奧爾格要離開德國前往英國，繼任為英國國王喬治一世時，不想讓萊布尼茲跟他一起去英國，而疏遠萊布尼茲，使萊布尼茲在失意中過世。

註4　單子論

萊布尼茲的哲學基本概念，以希臘語的1（mono）命名的單子（monade），代表無範圍、無形體、無法分割的元素。單子論主張多個單子集合會構成宇宙空間，而本質會作用於表象，暗單子會表現為物質實體，明單子則表現為理性的精神與靈魂。單子本身為封閉系統，但是單子的總體表現可反映宇宙整體。單子本身並不會互相作用，而是以相互的對應關係成為預定和諧論證的基礎。單子論的目的是調和機械論與目的論的碰撞。

當繩索完全放鬆，繩索會因為水桶的旋轉慣性（惰性）而逆向扭緊，稍後水桶的旋轉速率會緩慢減速至完全停止。然而，此時水桶雖已處於靜止狀態，水桶內的水還是會持續旋轉一段時間，水面邊緣會保持一段時間的突起狀態。

以我們的常識與生活經驗來看這個實驗結果，多數人不會覺得這是個了不起的現象，但牛頓卻對此實驗結果發出質疑——為何水面的邊緣會突起呢？

或許大多數人會這麼回答：「這是因為離心力使水被壓迫到水桶壁。」不過，被人稱為「物理學之父」的牛頓卻認為這個問題的答案並非如此單純。

圖5　水桶實驗

牛頓以水桶實驗來定義絕對空間與絕對時間的性質。

　　牛頓進一步探討，水桶的水與水桶共同旋轉所代表的意義。水相對於水桶，並沒有在旋轉，水靜止於水桶中，邊緣卻突起。這意味著，即便水桶與水之間完全沒有相對運動，還是會因為水桶旋轉所產生的離心力，使水出現這種特別的現象。後來牛頓依據此現象，提出一個結論，他認為水為了在絕對空間中運動，邊緣必須突起。

　　不過，牛頓這個見解於兩百多年後卻被德國哲學家恩斯特‧馬赫（註5）所批判，馬赫指出：「因為宇宙整體都在旋轉，所以即便水桶已經停止轉動，水的邊緣依然會突起。」

　　馬赫的想法不受絕對空間的概念拘束，他認為水面所產生的變化，是因為水在與某一種物質進行相對運動，而非與水桶進行相對運動。

　　馬赫的觀點提出以後，過了一段時間，牛頓的絕對空間理論，被愛因斯坦的理論完全否定。

宇宙的三維空間是平直空間嗎？

　　「我們所居住的三維空間，可以使歐幾里得幾何學成立」其實只是一個假設，偉大的物理學家牛頓卻完全沒注意到這個問題。

　　不過，數學家卡爾‧弗里德里希‧高斯與牛頓完全相反，他知道這只是一個假設。

註5　恩斯特‧馬赫

物理學家兼哲學家，同時也是一位科學史學者。於摩拉維亞（現位於捷克）出生。馬赫為理論實證主義者，他否定牛頓的絕對空間，提出「馬赫原理」。他曾以實驗證明，物體速度超越音速，會產生衝擊波，因此物體的速度與音速的比例命名為「馬赫數」。

高斯約從十五歲開始，對歐幾里得幾何學的第五公設——平行公設（請參照第2章），抱持很大的疑問，並注意到平行公設不成立的非歐幾里得幾何學。

高斯自學生時代開始，便對三角測量法（註6）有著濃厚的興

圖6　日光回照器（Heliotrope）

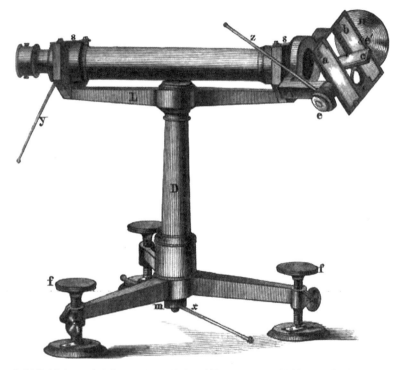

高斯為進行三角測量而研發的觀測裝置，以反射鏡面反射太陽光。
Heliotrope是由希臘文太陽（helio）與轉折（trope）所組成的名詞。

趣。三角測量法是測量三個地點之角度，以取得三地點之間距離的方法。他二十五歲開始參與三角測量的現場實習，並於1818年接受漢諾威王國國王格奧爾格四世（漢諾威王國今位於德國北部，而當時的英國國王為喬治四世）的委託，進行大地測量工作。

同時，高斯亦著手開發能夠反射太陽光的裝置，將之命名為日光回照器（Heliotrope圖6）。這是以反射鏡面反射太陽光，以此進行觀察的觀測裝置。將日光回照器置於一個測量點，於另一個測量點觀測日光回照器所反射的太陽光，可精密測量兩個觀測點連線所形成的夾角。

當時的高斯不只是為了大地測量才進行高精密度的觀測，他的另一目的是要調查人類所居住的三維空間是否為平直空間，以此來驗證歐幾里得幾何學是否成立於三維空間。因為他想以親自測量的資料，來證明三維空間不一定符合牛頓的假設，亦即不一定符合歐幾里得的正交座標系空間。

高斯將德國中部的布羅肯峰（Brocken）、因瑟爾山（Inse Lsberg）以及霍爾哈根峰（Hohen Hagen）之山峰設為三角觀測點，測量它們所構成的三角形內角（圖7）。假設這個地形測量所得的三角形內角和確實為180度，代表歐幾里得幾何學成立於我們所居住的世界，或者說歐幾里得幾何學能夠完全成立於宇宙的三維空間，證明三維空間是平直的。

此實驗結果大致證明這個假設是成立的。三座山峰之間的距離（三角形的各邊邊長）分別為69、85、109公里，內角和為180.1485度。雖然測量結果和180度有點超入，但是這個差異可以算是測量的誤差。對於研發出最小平方法的高斯來說，他很清楚地知道，任何測量與實驗都有誤差。以高斯的測量結果來看，他

證明了地球的三維空間是平直的。

大霹靂與平直的宇宙

宇宙觀測技術隨著時代進步，人們深入研究宇宙空間的結構。人類究竟有多了解宇宙的三維空間呢？要思考這個問題，必須先探討宇宙的三維空間究竟如何誕生。

按照現代宇宙誕生理論（宇宙學、宇宙模型）所假設的模型，人類所處的宇宙並沒有完整的歷史，而是於過去的某個時間點突然從無到有地誕生（圖8），這是指宇宙空間約於一百四十億年前，自溫度極高、密度極大的「火球」為起點而誕生，這個大霹靂宇宙論模型為大部分的宇宙理論學者所支持。

圖7　高斯的觀測

三座高山的山峰連結而成的三角形，內角和確實為180度，可見歐幾里得幾何學在地球表面是成立的。
（資料來源：E.B.Burger & M.Starbird, The Heart of Mathemaics）

　　這個大霹靂理論始於愛因斯坦於1917年發表的重力場方程式。愛因斯坦將一個小技巧（註7）引入這個方程式，使宇宙空間簡化為三維度的靜態宇宙，導出無盡宇宙的有限解。

　　針對這個靜態宇宙的假設，荷蘭的威廉‧德西特與俄羅斯的亞歷山大‧弗里德曼運用同一條方程式，推導出宇宙空間不是靜止狀態而是「正在膨脹」的理論。比利時的喬治‧勒梅特甚至延伸這個宇宙膨脹的理論，他認為宇宙空間是由一個極高能量的火球為起點而誕生的。

　　大霹靂宇宙論模型主張宇宙空間是在宇宙誕生之際開始，以爆炸的方式急速擴展，直到現在，宇宙空間依然持續地膨脹。

註7　宇宙常數項
愛因斯坦為使宇宙空間處於「靜止狀態」，而在重力場方程式（又稱愛因斯坦場方程式）中添加一個常數項。請參照第189頁註2的「宇宙常數」。

宇宙的膨脹表示整個三維空間都在擴張。宇宙空間中，眾多銀河系之間的距離與各銀河系的整體空間，會因宇宙膨脹而持續擴展。1920年代，美國的天文學家愛德文·哈伯觀察發現，遠處的眾多銀河系都在逐漸遠離我們的銀河系，這個發現被認為是宇宙膨脹的鐵證。

圖8　使宇宙誕生的大霹靂

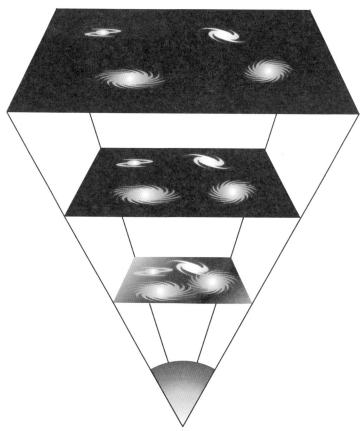

大霹靂宇宙論主張，宇宙原本被密封於溫度極高、密度極大，僅為單一個點的火球，後來產生大霹靂（Big Bang）才徹底擺脫束縛，至今依然持續在膨脹。

（圖：Papa November）

　　這個宇宙論模型指出，宇宙空間不是單純的一片虛無，在這座宇宙中處處都有物質的生成與消滅，這代表宇宙空間確實可能有物質存在。這個宇宙空間具備某一種特定的幾何學結構，這座宇宙擁有特定的形態，因為物質聚集處的密度會決定宇宙三維空間的彎曲程度（曲率）。

　　舉例來說，宇宙若有部分區域的物質密度（能量密度）小於「臨界密度」，空間曲率則為負值（minus）；若物質密度大於臨界密度則為正值（plus）；若物質密度與臨界密度相等，宇宙空間即會化為無彎曲的平直空間（曲率等於零）。（圖9上方）

　　假設宇宙三維空間的曲率不為零，我們人類的宇宙會發生怎樣的變化？如果宇宙空間是非歐幾里得空間，那麼宇宙空間是如何呢？宇宙論學家和數學家對於這個問題，幾乎都有如下的回答。

　　若三維空間的曲率為正值，於此空間所畫的三角形內角和將大於180度（圖9中間）；若曲率為正，空間的剖面會是突起的曲面（二維度）。

　　宇宙的整體三維空間曲率如為正值，此三維空間會像球一樣，無處不彎曲，呈現封閉型宇宙空間。在這種情況下，若宇宙空間夠小，空間曲率夠大，我們觀測遠方的宇宙空間即會看到我們自己的背影。

　　若宇宙是封閉型宇宙空間，以光速繞行此宇宙一圈所花的時間就需要數億年，甚至數十億年，在這情況下，若光線真的花費數億年繞宇宙一圈並被我們看見，此時我們不會看到陽光照在我們身上所形成的影子，而是數億年前位於此處的銀河系。無論如何，這麼極端的模型只是模式化的假設，不過是漫畫般的單純化構想。

圖9　三維空間的曲率與宇宙的模樣

曲率為零
（平直型宇宙空間）

正曲率
（封閉型宇宙空間）

負曲率
（開放型宇宙空間）

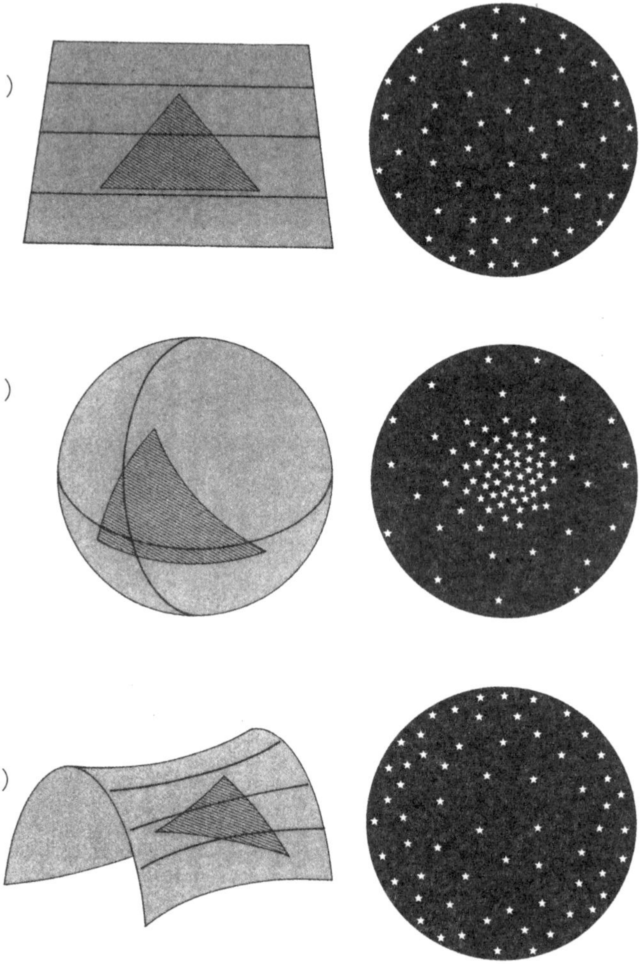

宇宙的未來	曲率
封閉狀態	正
平直狀態	0
開放狀態	負

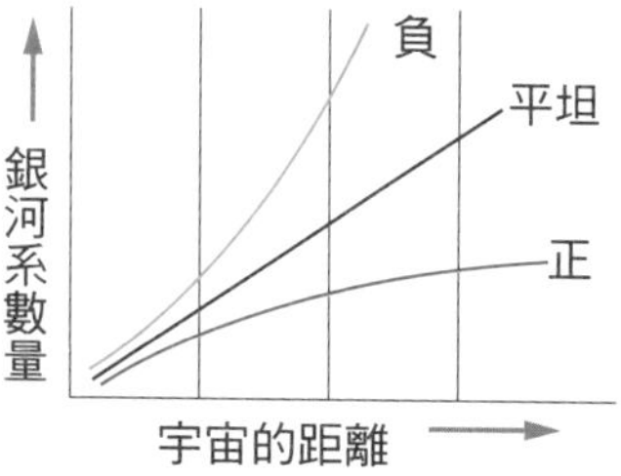

宇宙空間因物質密度的差異，而有三種樣貌，銀河系與繁星的狀態會有些微不同。
（圖：Yazawa Science Office）

宇宙空間正在平直地膨脹嗎？

如果曲率為負值，宇宙空間會怎樣呢？若曲率為負，在宇宙空間畫一個三角形，內角和將會小於180度，而切割三維空間所得的剖面，會變成雙曲面，呈現馬鞍狀的凹陷宇宙空間（圖9下方）。

請想像我們定居在負曲率三維空間，且剛好觀測到由某銀河系發出的光線。若此光線來自一個遠方的平直狀態銀河系，它會平行於我們的視線方向，朝我們前進。但由於我們所處的空間具有負曲率，所以雙眼在觀察同一個點所發出的光線時，進入左眼的光線路徑，與進入右眼的光線路徑，會有些微的差異。因此我們所觀測到的距離，會比實際的距離近。

如果將這種負曲率宇宙空間的幾何學，運用在我們實際生存的宇宙空間，會怎樣呢？高斯已經用陸地觀測，證明地球表面的三維空間幾乎是完全平直的，而整體宇宙空間是怎樣的情況呢？

按照至今的天文學觀測資料，高溫「火球」狀態（宇宙誕生之初的狀態）留下來的能量構成的宇宙微波背景輻射（註8），幾乎隨時都維持著一定的輻射值，我們因此可以推測宇宙的三維空間幾乎是平直的。如果這個推測是正確的，宇宙空間未來會持續而平直地膨脹。

註8　宇宙微波背景輻射

1956年，貝爾實驗室的阿諾·彭齊亞斯與羅伯特·威爾遜檢測到，任何時間都可接收到一定強度的微波，此微波輻射源的溫度為3K（精確的數值為2.7K），符合大霹靂理論的宇宙微波背景輻射溫度，間接證明了大霹靂理論。

三維空間不是連續的嗎？

牛頓曾經想過一個假設：「空間是均勻而連續的。」實際上，物理學理論是以「空間具連續性」為前提，進行推導、建構各種理論與定理，依此方法所推導的物理學理論，沒有明顯的矛盾。

以我們的實際經驗，我們確實無法對「空間具連續性」提出任何反對意見。因為人類未曾目睹「本來位於某一地點的人，突然消失無蹤，出現於另外一個地點」的特殊現象（雖然這在科幻電影和奇幻小說很常見）。

但是，我們所居住的三維空間並沒有確切證據可以證明它具連續性，近年來的理論模型開始質疑這個假設；迴圈量子重力論（註9）模型的三維空間不同於人們的認知，它並不是無限大，且具連續性的空間。

迴圈量子重力論模型所提出的三維空間，以有限的極小型空間節點扭結成無數的環狀空間（迴圈），構成宇宙空間。這代表三維空間是有限而不連續的空間，但這個理論還沒有經過實驗，無法證明它的真實性。

十九世紀的數學家儒勒・昂利・龐加萊曾說：「數學可以建構人類的思考，而自然界使人類能夠獨立思考。」用數學形式建構的物理理論，無論看起來多麼完美，只要實驗或觀測的結果與理論模型假設相異，則此物理理論即不是真實的理論。即便如

註9　迴圈量子重力論

廣義相對論與量子力學的理論（量子重力理論）之一，將電磁場模式代入重力場運算，但目前無法驗證它是否成立。

此，下一章節我們還是要跨出數學理論的推測，來觀察一下複雜離奇的多維世界。

三維宇宙空間與正多面體

　　柏拉圖認為，三維宇宙空間為「永恆不變的實在」之表象，而三維宇宙空間的「實在」稱為「理型」。柏拉圖所描述的理型是由具有高度對稱性的「完整立體」構成的球形。

　　在柏拉圖定義的宇宙模型，「atom（原子）」呈三角形，構成所有宇宙物質的四個古典元素——火、水、地、空氣，由多個三角形組成。這四個古典元素都具有特殊的幾何形狀，火為正四面體，水為正二十面體，地（土）為正六面體（正立方體），空

圖10　五個柏拉圖立方體

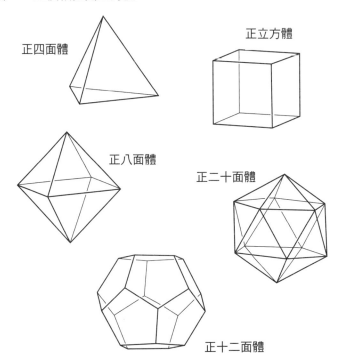

正四面體

正立方體

正八面體

正二十面體

正十二面體

氣則是正八面體。整體宇宙呈正十二面體，而正十二面體是最接近球形的多面體。

　　這些稱為「柏拉圖立體」的正多面體，都由同一種正多邊形所構成（圖10）。雖然二維度的正多邊形有無限多個，但是三維度的正多面體卻只有五個，而四維度以上的多維空間所具有的、相當於正多面體的東西稱為「多胞形」。

　　與柏拉圖一樣，對三維宇宙感興趣的十六世紀天文學家約翰內斯·克卜勒，也想找出三維宇宙空間的幾何學。克卜勒考察當時人們所知的，與太陽系六個行星之運行軌道相關的幾何學定律，並用球體與五種正多面體一層一層地，依次組合成套匣狀模型，來表現六個行星的運行軌道（圖11）。後來克卜勒發現有一部分的觀測資料錯誤，套匣狀正多面體模型，成功建構具橢圓形軌跡的三維宇宙空間模型。

圖11　克卜勒的太陽系幾何學模型

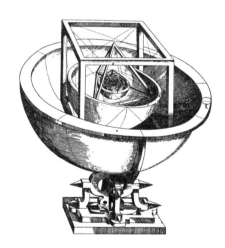

第4章

從三維度到四維時空

超過三維空間的世界，可說是超越人類感知的未知領域。稍後我們將介紹愛因斯坦相對論，與黎曼幾何學所推測的空間性質，來看三維空間與四維時空的不同，並探討時間如何轉化為空間所具備的一個性質。

數學家與物理學家的「新型態維度」

　　人類日常生活中的所有行為，完全能在現有的三維空間展現，因此很多人會覺得探究三維空間以外的多餘維度，是無意義的。多餘維度已超越人類活動的領域，甚至可稱為幽靈境界。

　　究竟是什麼人需要運用四維度以上的多餘維度（額外維度）呢？

　　這些人是數學研究者，以及鑽研物理學、數學與宇宙學的眾多研究者。自十九世紀起，這些研究者長年探求統整所有物理形

圖1　額外維度

超越我們所知的三維空間的「額外維度」，是怎樣的形式呢？
（插畫：Michael Carroll/Yazawa Science Office）

式的「場（Field）」與「力（Force）」公式，亦即世界公式，現在這些世界公式已命名為「大統一理論」、「萬有理論」，又稱為「終極理論」。如果要解析這些統整理論，研究多餘維度即是無法逃避的課題。

　　一提到四維度這個名詞，大部分的人會聯想到愛因斯坦狹義相對論與廣義相對論的時間維度。愛因斯坦描述在我們生存的宇宙中，空間的三維度與時間的一維度互相交疊，產生四維空間（又名「四維時空」、「閔可夫斯基時空」、「四維流形」），即一般人所說的四維度。

　　這個論調是在二十世紀後期才開始快速發展，是由物理學領域的新型態四維度，這與幾何學形式的維度，在性質上有非常大的差異。

　　先於閔可夫斯基與愛因斯坦的時代，1827年已經有人提出一般形式的四維度理論，此人是提倡歐幾里得幾何學四維度、發表「莫比烏斯環」理論，而廣為人知的德國數學家——奧古斯特・費迪南德・莫比烏斯（照片1）。

　　莫比烏斯發現，當三維度物體映照在鏡中，旋轉鏡中左右反轉的鏡像，會展現出第四個維度。

　　1853年，瑞士的幾何學家路德維希・施萊夫利（照片2）的論文探討了三維度以上的多維度概念。施萊夫利將此論文投稿至維也納的學會雜誌，卻因論文太長，而被拒絕刊載。之後，施萊夫利又將此論文投稿至柏林的學會雜誌，他被告知如能刪減論文即可刊載，但施萊夫利卻拒絕。

　　直到半個世紀之後，1901年，這份論文才得以發表，以無刪減的狀態公開於大眾面前。但令人遺憾的是，施萊夫利早已在數年前與世長辭，享年八十一歲。

施萊夫利的堅持，使他沒有廣為世人所知，但施萊夫利於數學史留下的痕跡，使他成為高維度多面體研究的關鍵人物之一，對四維度以上的多面體概念研究具有極大貢獻。

施萊夫利將自己發現的多面體，以德語命名為「polyschemas」，此詞後來以英文「polytope（多胞形）」，被幾何學界沿用至今。

由二維度的polygon（多邊形）以及三維度的polyhedron（多面體）等歐幾里得幾何學的基礎，推衍、延伸出來的高維度多邊形，即為「多胞形」（在日文中，多胞形泛指屬於各維度的多邊形，但也用來代表四維度的polytope，請看圖2）。

照片1　奧古斯特・費迪南德・莫比烏斯

以發表「莫比烏斯環」理論而聞名的莫比烏斯，師從高斯，對於拓樸學（topology）與幾何中心計算等幾何學的發展，具有莫大的貢獻，著有天文學相關著作。曾任職於萊比錫，擔任天文台台長。

　　多胞形包括二維度的polygon（多邊形）、三維度的polyhedron（多面體）、四維度的polychoron、五維度的polyteron、六維度的polypeton，以及七維度的polyexon等，依序延伸下去。

照片2　路德維希・施萊夫利

與黎曼同等級的一流學者，是建構高維度概念的數學家之一。施萊夫利的理念，被眾多數學與物理學者深入研究，對各種知識領域皆有貢獻，令人惋惜的是，施萊夫利並不像其他數學家一樣有名。

但這種看似合理的命名方式，卻不被一般數學家與幾何學家接受，因此沒有普遍流傳。而這些由古希臘文所組成的多胞形複合名詞，是由近期提出「鳥類先演化假說」（「Birds Come First」又稱BCF）的學者所命名，這位學者即美國著名的業餘考

圖2　四維度的多胞形

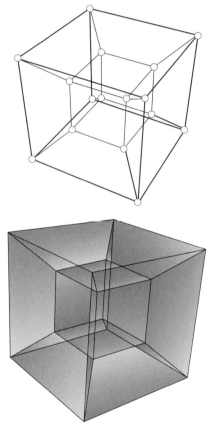

四維度多胞形（polychoron）的其中一個：正八胞體。雖然此圖看不出來，但其實它的所有邊長都等長，各邊的夾角皆為直角，整體由八個立方體所構成，每個頂點都連接三個面，每一個邊都連接三個立方體（胞形）。

古學家兼科學作家，喬治・奧利舍夫斯基。他所提出的BCF假說，主張「鳥類比恐龍先演化」。

黎曼的「彎曲空間」

高維度的初期研究理論在施萊夫利撰寫論文的次年，1854年，由十九世紀的代表性數學家，波恩哈德・黎曼（請參考第46頁照片2）所發表，他替高維度研究奠定了堅實的數學基礎。

對數學家而言，無論是幾維度都不會造成困擾。當時引領數學界的黎曼，所提出的理論，使萬物的數學形式，跳脫人們熟知的三維空間。

當時黎曼還是個二十多歲的清貧青年，他因獲得教授資格，而舉行「論幾何學的基礎假說」就職演講。黎曼面對席間眾多的數學家與物理學家所發表的理論「非歐幾里得n維流形」，其實並不是一個明確、成熟的理論，而是一種可能的方向。

黎曼提到「非歐幾里得」這個名詞，用來表示：「n維流形不是曲率為零的歐幾里得幾何學，它不是在討論無彎曲空間的歐氏幾何。」這句話表明n維流形（通常稱為黎曼流形或黎曼幾何學）能解析彎曲空間，而歐幾里得幾何所建構的空間理論，則包含於這個理論，歐氏幾何空間只是此理論中，一個曲率為零的特殊空間。

大約在黎曼發表n維流形的半個世紀以後，阿爾伯特・愛因斯坦（照片3）以此為基礎，建立了「廣義相對論」（第118頁COLUMN②），並公開發表，成為二十世紀物理學的里程碑。

照片3　阿爾伯特・愛因斯坦

創建狹義相對論、廣義相對論、重力理論公式化等。愛因斯坦的貢獻良多，是改革近代科學史的天才科學家，也是引領物理學邁向新型維度的領導者。
（照片：AIP/Yazawa Science Office）

數學家與物理學家的立場不同

愛因斯坦是物理學家，他以物理的觀點，觀察n維流形。他發現要用數學形式（幾何學形式）來解析n維流形，並不簡單。物理學家會運用大量的數學公式來幫助他們分析物理現象，因為世上不可能存在不具數學形式的物理學。

運用數學理論，能夠將現實世界模型化，將現實世界轉化為數學的模型，簡化我們所處的世界，使之變成單純的表現形式。極微小的粒子到整個宇宙都能被模型化，而它們的起源以及未來可能會發生的情形，都可以用理論來推測。

數學模型能夠被改進、重建，變成完整、無矛盾的完美理論，但這也代表數學模型並不是絕對正確的理論，有些數學模型不能套用到現實世界，模型不一定能完整地詮釋現實世界。

因此物理學家會不斷反問自己：「我所創建的數學模型，有哪一部分具備物理形式，符合現實情形呢？」對這些物理學家而言，他們必須確定自己所建構的數學模型是否符合現實世界，是否可用實驗來驗證，這是他們最重要的課題。

舉例來說，當物理學家面對萬有引力與電磁力「統一」（運用相通的法則來進行說明）的研究課題，他們必須著手研究未知維度的領域，以解決這個困難的課題。因此必須先有數學家運用自己的數學理論，將多維度與高維度等空間化為方便應用的數學模型，如此一來，物理學家的研究才能順利進行，對於後續的發展才有幫助。

其實只要數學家願意，不管是多少個維度，他們都可以任意模型化，無論是十維度、一百維度，甚至是無限維度。但是物理

學家無法如此，因為物理學家必須找出新維度空間的物理意義，才能將已經存在的理論，套用到新型維度空間，以推測新型態的宇宙整體形象。

即便如此，物理學家還是不停地思考「這個新型維度能夠以人類的肉眼看見嗎？如果無法看見，是出自於什麼原因呢？」、「此新維度的研究理論與我們人類至今研究的事物，究竟有怎樣的關聯呢？」、「新型維度理論對人們已徹底研究的力與場理論，或物質、能量等，會產生怎樣的影響呢？」

物理學家甚至會經常煩惱「超越人類感知的新型維度是否存在，要如何才能反向證明這些新型維度的存在呢？」

宇宙的三維空間是平直的嗎？

讓我們將話題拉回黎曼的彎曲空間。黎曼所提出的新式發想，能夠引領其他數學家進入全新領域，這個新領域甚至超出人類的視覺空間極限，超出三維空間。而後愛因斯坦所提出的相對論，使愛因斯坦成為大部分物理學家的引導者，相對論跟黎曼的理論一樣，完全跨越當時物理學家所能理解的時空領域。愛因斯坦替物理學引入的新型維度概念，是前所未有的。

話雖如此，但愛因斯坦並不是第一個新型維度的發現者，他不是最早看出「時間」維度的人，時間在宇宙誕生之初已存在，原本就有許多天文學家與物理學家運用天體的公轉週期或時鐘等技術性的方法，去測定時間的流速。

無論是科學家還是一般大眾，都不需要對這個不曾聽說的新型維度概念感到困惑，因為在這之前即有艾薩克・牛頓（請看第68頁圖4）所建立的「絕對空間」與「絕對時間」等理論，這些理

論已存在數個世紀，大眾心中早有將時間與空間分開的固有印象。

　　牛頓於1687年，出版的著作《原理》（《Principia》，圖3）有下列記述：

　　「任何外界事物都不會對絕對空間之存在本質造成影響，絕對空間是永不移動、永不變化的空間。」

圖3　《原理》（*Principia*）封面

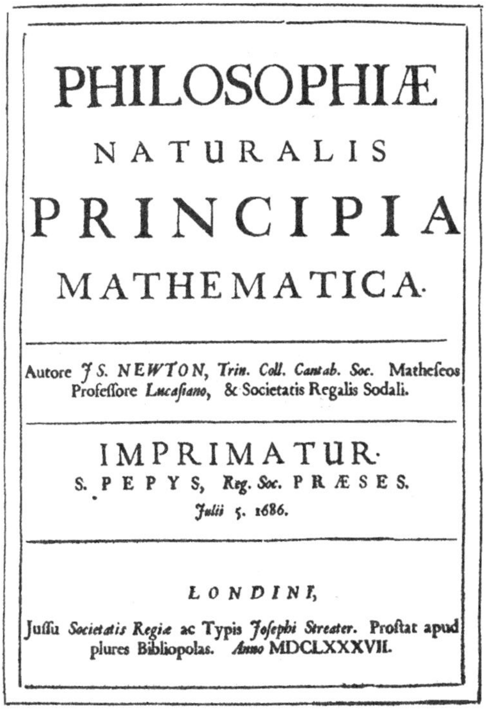

PHILOSOPHIÆ

NATURALIS

PRINCIPIA

MATHEMATICA·

Autore *J S. NEWTON, Trin. Coll. Cantab. Soc.* Mathefeos
Profeffore *Lucafiano,* & Societatis Regalis Sodali.

IMPRIMATUR·

S. PEPYS, *Reg. Soc.* PRÆSES.

Julii 5. 1686.

LONDINI,

Juffu *Societatis Regiæ* ac Typis *Jofephi Streater.* Proftat apud
plures Bibliopolas. *Anno* MDCLXXXVII.

1686年，牛頓統整古典力學（牛頓力學）而成的傑作《自然哲學的數學原理》（*Prilosophiae Naturalis Principia Mathematica*），一般稱為《原理》。

這句話說明宇宙空間的所有位置、空間都屬於相同狀態，無論此空間內部或外部，物體所產生的物理現象都無法使此空間改變。這代表宇宙空間是具有普遍性且無變化的「舞台」，而這個舞台上的所有物體及現象，都在扮演自己的角色。

照片4　時間之神柯羅諾斯

柯羅諾斯具有天使的翅膀，支配時間流速。

　　時間維度的概念也是同樣道理。牛頓主張，具有絕對性數學形式的時間，不為外在事物所影響，因此所有人測得的時間流速都相同。亦即，宇宙空間的所有位置，在任何時刻，時間流速都是以相等的速率前進。

　　牛頓對時間的定義可能會讓讀者想到希臘神話的時間之神——柯羅諾斯（照片4），祂為了使時間維持相同流速，忙碌地照料著無時無刻都在滴答作響的時鐘。

　　但是牛頓發表的這個理論卻在兩百二十年以後，被愛因斯坦「時空靜止」的概念畫下休止符。1905年，愛因斯坦在狹義相對論的著名論文中，用嶄新的時空概念，否決了牛頓的理論。

能伸縮時間與長度的宇宙空間

　　愛因斯坦相對論主張時間流速並不是以固定的速率前進。相對而言，處於運動狀態的人所測到的時間流速，會比靜止狀態的人還慢，處於運動狀態的物體長度也會產生相對應的改變。靜止的人在觀測高速運動物體時，會看見物體沿運動方向變短（圖4）。

　　這種情形稱為「時間延緩」或「長度收縮」，雖然這在理論上是成立的，但我們在日常生活中無法觀察到這種現象，因為這裡所說的高速運動物體，是指以將近每秒三十萬公里的亞光速前進的物體。

　　二十世紀有許多科幻作家對時間延緩的現象很感興趣，嘗試用自己的作品來呈現此現象。他們描寫太空人乘坐以亞光速航行的太空船，自地球航向宇宙，並在旅途中發生「時間延緩」。太空人經過漫長的旅行，回到地球時，他的模樣卻與剛出發時相

同，年齡沒有增長，但太空人在地球上的親朋好友都老了，這使雙方都驚訝於對方的外表（圖5）。

太空船的速度越接近光速，太空船上的時間延緩會越趨近無窮大，造成太空人一年的宇宙航行時間相當於地球的十年。

閔可夫斯基與愛因斯坦的「時空」

1864年出生於俄羅斯，後來移居至德國的猶太數學家赫爾曼‧閔可夫斯基（照片5）曾經是愛因斯坦的導師。閔可夫斯基曾經定義愛因斯坦的時間與空間理論，幫愛因斯坦奠定相對論的堅實基礎，換句話說，閔可夫斯基是世界上首位討論「時空」概念的科學家。

閔可夫斯基煞費苦心，創建時空理論（圖6）。

圖5　沒有留下歲月痕跡的太空人

圖4 沿運動方向收縮的物體

當物體的運動速度趨近於光速,物體的時間會延緩,長度會收縮,重量(質量)則會增加。

(圖:Yazawa Science Office 照片:AIP)

以亞光速航行於宇宙的太空人,幾乎不會增加年齡,但他在地球上的家屬卻已年老。
(插畫:木原康彥/Yazawa Science Office)

1908年，愛因斯坦在一場著名的大型演講，正式發表他已提倡了三年的狹義相對論。閔可夫斯基在這場演講的最後階段，做了以下發言：

　　「從今以後，單一的空間個體，或說，獨立的時間本體概念，將會被放逐，只有相結合的空間、時間才具有真正的獨立性。」（圖7）

　　愛因斯坦發展出這個新型態時空的時候，他正以「三級技術員」的身分在瑞士專利局負責技術鑑定的工作（照片6）。此時的愛因斯坦尚未取得教授資格，甚至未擁有博士學位，因此無論他創建什麼理論，都不會被記載到科學史，不會被認定為有貢獻的學者，不過愛因斯坦是一位積極、富有創造力的學者，他並不介

照片5　赫爾曼‧閔可夫斯基

閔可夫斯基因為獲得巴黎法國科學院懸賞問題的獎項（1882年），開始進行數學研究，並留下數論等理論與貢獻。1909年，四十四歲的他罹患急性闌尾炎而長辭於世。

圖6 閔可夫斯基的時空

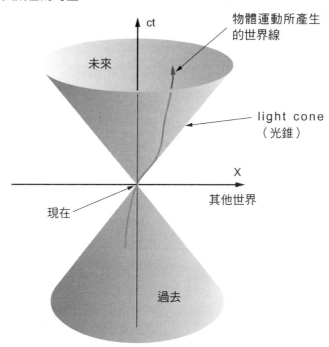

閔可夫斯基將空間與時間合而為一的時空，看成以光速為基準的「光錐」，光錐的
上下部分表示過去與未來，連接處則代表現在。此圖用幾何學來解釋相對論，它使
相對論能被世人接受。

圖7 在時空中前進的物體

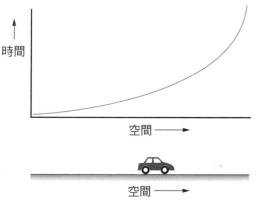

維持等速的汽車，在空間或時間
上都保持直線前進；而逐漸減速
的汽車，在空間上是直線前進，
但在時間上卻呈曲線。
（資料來源：Lee Smith, The
Trouble with Physics，2007）

意這點。

　　引用一位愛因斯坦傳記作家的描述，1905年，愛因斯坦引發了「天才的爆發」，他連續發表了四篇具獨創性的論文，其中一篇即為狹義相對論（圖8，第118頁COLUMN②）。

　　發表這些論文以後，愛因斯坦終於獲得教授資格，接下來的十年，他著手進行廣義相對論的研究。愛因斯坦研究廣義相對論所關注的重點，在於重力與時空的相互作用關係。

照片6　二十六歲的愛因斯坦

（照片：NASA/GSFC）

　　在愛因斯坦登上歷史舞台之前，人們普遍認為三維世界即如牛頓的理論，有兩種性質同時存在，其中一個是空間中已存在的事物，另一個則屬於整體空間。在愛因斯坦推廣此時空概念的初期，他並沒有特別去否定牛頓的理論。

圖8　「狹義相對論」的論文

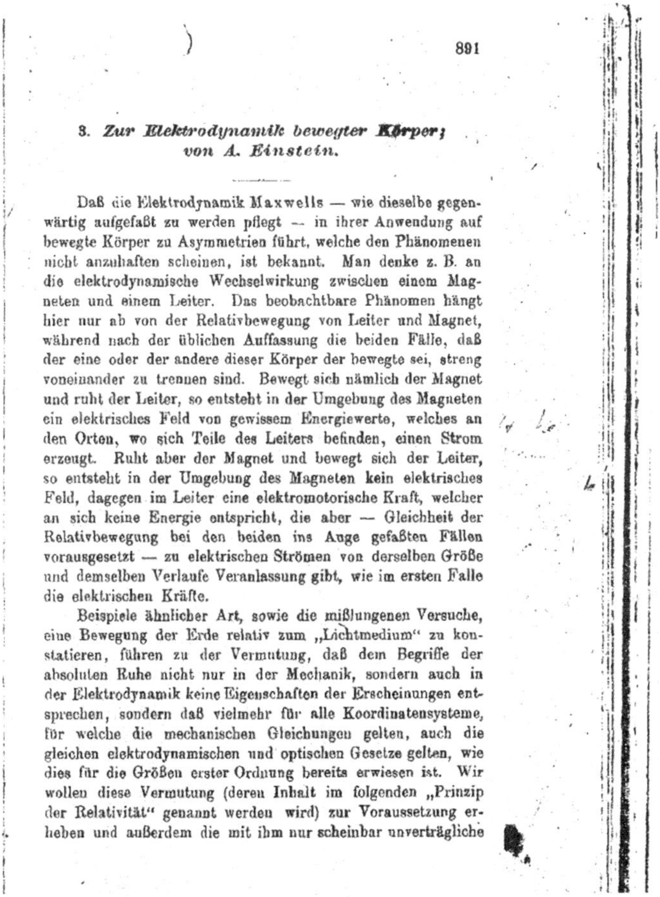

)

891

3. Zur Elektrodynamik bewegter Körper; von A. Einstein.

Daß die Elektrodynamik Maxwells — wie dieselbe gegenwärtig aufgefaßt zu werden pflegt — in ihrer Anwendung auf bewegte Körper zu Asymmetrien führt, welche den Phänomenen nicht anzuhaften scheinen, ist bekannt. Man denke z. B. an die elektrodynamische Wechselwirkung zwischen einem Magneten und einem Leiter. Das beobachtbare Phänomen hängt hier nur ab von der Relativbewegung von Leiter und Magnet, während nach der üblichen Auffassung die beiden Fälle, daß der eine oder der andere dieser Körper der bewegte sei, streng voneinander zu trennen sind. Bewegt sich nämlich der Magnet und ruht der Leiter, so entsteht in der Umgebung des Magneten ein elektrisches Feld von gewissem Energiewerte, welches an den Orten, wo sich Teile des Leiters befinden, einen Strom erzeugt. Ruht aber der Magnet und bewegt sich der Leiter, so entsteht in der Umgebung des Magneten kein elektrisches Feld, dagegen im Leiter eine elektromotorische Kraft, welcher an sich keine Energie entspricht, die aber — Gleichheit der Relativbewegung bei den beiden ins Auge gefaßten Fällen vorausgesetzt — zu elektrischen Strömen von derselben Größe und demselben Verlaufe Veranlassung gibt, wie im ersten Falle die elektrischen Kräfte.

Beispiele ähnlicher Art, sowie die mißlungenen Versuche, eine Bewegung der Erde relativ zum „Lichtmedium" zu konstatieren, führen zu der Vermutung, daß dem Begriffe der absoluten Ruhe nicht nur in der Mechanik, sondern auch in der Elektrodynamik keine Eigenschaften der Erscheinungen entsprechen, sondern daß vielmehr für alle Koordinatensysteme, für welche die mechanischen Gleichungen gelten, auch die gleichen elektrodynamischen und optischen Gesetze gelten, wie dies für die Größen erster Ordnung bereits erwiesen ist. Wir wollen diese Vermutung (deren Inhalt im folgenden „Prinzip der Relativität" genannt werden wird) zur Voraussetzung erheben und außerdem die mit ihm nur scheinbar unverträgliche

1905年，愛因斯坦於瑞士擔任專利局公務員的時候（請看前頁照片6），曾經提出四篇論文，其中之一即是廣義相對論的基礎──狹義相對論（「論運動物體的電動力學」）。

　　（資料來源：A.Einstein, Annalen der Physik, vol.17，1905，P.891-921）

後來，牛頓的主張（時間與空間為靜態）被時空場取代。時空場主張時空是動態的（dynamic），這個概念被當時多數科學家認同。狹義相對論仍在探討發生在現有宇宙的事物及現象，不過廣義相對論（第118頁COLUMN②）完全顛覆這些看法（圖9、圖10）。

額外維度的魔法棒

在廣義相對論出現以前，科學家認為重力是以力場的形式，作用於時空，但是愛因斯坦卻認為空間的外形可以用重力場來彎曲、改變。因為空間中有物質的存在，所以這個空間可彎曲的主

圖9　牛頓的穩定空間

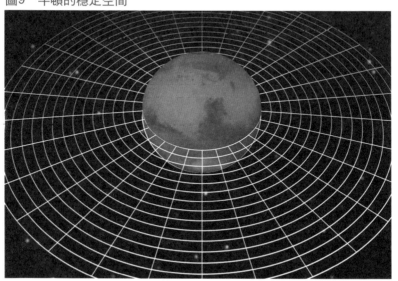

十七世紀，牛頓所描述的宇宙空間為均衡統一、不變化、不運動的空間（絕對空間），牛頓所描述的時間則隨時具有相同的流動速率（絕對時間）。

張，會影響、改變時空的幾何學構造。

　　愛因斯坦提出他的理論之後，空間變得不再平直單調，而是會因為物質而彎曲變形，空間的外形由時空場的物質運動來決定。

　　如果我們把空間比喻為舞台，牛頓的舞台是由堅硬木板構成的平台，表演者在舞台的任何部位表演激烈的舞蹈，都不會對舞台造成損壞，對所有表演者來說，舞台的地板看起來都一樣，這代表舞台整體在任意觀察者眼中都是一致的。表演者的體型與體重差異，不會對牛頓舞台造成任何影響，所以牛頓的舞台地板是一種絕對的存在。

　　我們來想像愛因斯坦的舞台。首先，愛因斯坦的舞台地板並

圖10　愛因斯坦的可彎曲時空

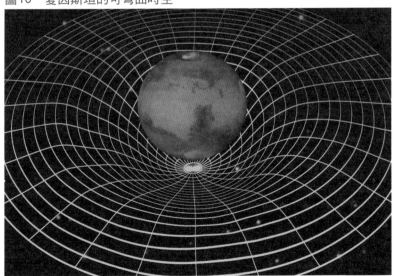

愛因斯坦顛覆眾人的時空觀點，提出空間會因為物質與能量而時常產生變動，而時間會隨觀測人員所處的狀態，而產生不同的流動速率。

不像牛頓的舞台那般堅硬，它能夠自由伸縮。若表演者不站在舞台上，舞台地板會維持平直，但若表演者在舞台上表演，表演者站立的位置會凹陷，亦即舞台地板會被表演者的體重影響，產生圓錐狀的凹陷，而且凹陷的深度與大小會隨每位表演者的體重（質量）變化。舞台的地板也會因表演者的移動而變形，也就是說，表演者的移動路徑會使凹陷的大小與位置變化，因此表演者無法直線地移動或輕鬆地跳躍，表演者要在愛因斯坦的舞台上移動位置，是一件困難的事。

依據閔可夫斯基的觀點，愛因斯坦所提出的舞台概念把黎曼的非歐幾里得流形，平移到四維時空，形成一個轉換的概念，形成彎曲空間。由此可知，流形的概念使空間與時間能夠整併到同一個框架（以理論的應用來統整）。

由三個空間維度與一個時間維度所構成的閔可夫斯基四維流形，與牛頓時空理論究竟有哪些差異呢？嚴格說來，這兩者的差異不在於「哪一部分」，而是這兩者其實是完全不同的理論，因為牛頓的理論嚴格區分空間與時間，所以這兩個理論是各自獨立的理論系統。

這種時空的概念不只是一種看待宇宙的新觀點，愛因斯坦更以此時空概念，導出相對論觀點。科學家根據新的時空概念，簡化時間維度的導入，以及空間與時間結合而產生的流形概念，將這些理論轉換成較單純的理論。

如同上述的時空概念，我們只要增加一個額外維度，就能夠使較低維度無法解答的難題迎刃而解，額外維度很可能是破解維度難題的「魔法棒」。

美國籍日裔物理學家兼紐約市立大學教授——加來道雄，在他的著作《平行宇宙》（*Parallel Worlds*）寫到，他確信只要多數

的理論物理學家能夠為理論增加一個維度，就可以簡化自然法則。不過這個看法是否成立是一個問題，本書之後討論時空理論難題時，會運用增加單一維度的方法，來看自然法則是否真的能夠被簡化。

邁向遙遠的「萬有理論」

所有理論物理學家與宇宙學研究者的終極目標，都是使力、場、物質統整於單一理論的框架。

愛因斯坦耗費整整三十年的後半人生，想要實現這個終極目標，但是他的努力不了了之。

愛因斯坦去世的那一年是1955年，後來經過二十年，到1970年代後半段，粒子物理學家為追尋此終極目標，提出具有幾個相異形式的理論——大統一理論（Grand Unification Theory，GUT）（圖11）。他們將「對稱性」及「超對稱性」（參照第176頁COLUMN②）的概念，導入大統一理論，以此來統一電磁力、弱核力（弱交互作用）、強核力（強交互作用）等。

雖然大統一理論被推導出來，但是它需要極大的能量（大約為10^{24}電子伏特 ＝ 一兆 × 一兆電子伏特）才能夠達成統一形式。一般來說，我們必須用粒子加速器使電子或質子等粒子加速到高速狀態，讓這些粒子互撞，才能產生這麼強大的能量，不過現實中並不存在這種加速器，因此我們無法進行實驗，來驗證大統一理論。

現在全世界加速能力最好的粒子加速器，是歐洲核子研究組織的「LHC（Large Hadron Collider，大型強子對撞器）」，大型強子對撞器能夠將大量質子加速到擁有十四兆電子伏特的動能，

使質子相撞（參照第175頁COLUMN①）。不過即便是如此強力的粒子加速器所產生的能量，也不到大統一理論所需能量的十億分之一。

　　因此，我們只能藉由間接觀測來尋找能夠達到此標準的能量，例如，觀測質子衰變所產生的能量，但是人類到目前為止都

圖11　大統一理論

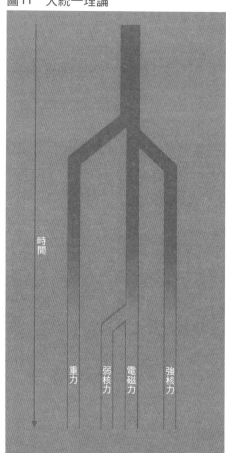

四種作用力

電磁力：正電荷、負電荷粒子之間，互相排斥或吸引的作用力。

強核力：原子核內部的作用力，能夠使夸克與膠子結合，而產生質子或中子等粒子。

弱核力：弱核力是β衰變主要的作用力。β衰變指放射性原子核放出電子，而產生的衰變。

重力：所有物質之間與質量成正比，互相吸引的作用力。

理論物理學家還在追尋大統一理論，而在找到「萬有理論」之前，額外維度的研究是不可或缺的。　　　　　　（圖：Yazawa Science Office）

無法透過觀測質子衰變來驗證大統一理論。理論上，質子的半衰期約為10^{33}年＝一兆×一兆×十億年，這超出宇宙誕生到目前為止的歷史（約為一百四十億年），因此質子可說是永遠不滅的粒子。若以上敘述為真，我們當然無法觀測質子的衰變，來驗證大統一理論。

不過，現代物理學家對此並不以為意，他們的雄心壯志不限於大統一理論。這些物理學家的終極目標是用大統一理論，來統一三種作用力（電磁力、弱核力、強核力），甚至包含第四種作用力——重力。這種統一所有（四種）作用力的理論，稱為「萬有理論」（Theory of Everything，簡稱為TOE）。

後文我們會提到，這些追求萬有理論的實驗，會延伸出一個特殊的理論——弦理論。弦理論是萬有理論的基礎之一。

光的行進路線會在重力場中彎曲

科學家追求理論上的統一，同時一步步地進行著將各種物理現象統整到同一個理論體系的實驗。

讓我們回顧統一理論的發展。首先是十九世紀的英國物理學家馬克士威（照片7）統整電力、磁力與光學理論，創造電磁學；接著是愛因斯坦將空間與時間統一成狹義相對論，產生四維時空的概念。

後來愛因斯坦還將加速度和重力統合成一個理論，他曾說這個統一理論始於他的自問自答：「對一個從屋頂上落下的人而言，他的感覺如何？」當時愛因斯坦想到的答案是：「此觀測者不能感受到重力。」此外，若有一個上升中的電梯突然停止，電梯內的人會感受到一瞬間的無重力狀態。從屋頂落下與上升電梯

突然停止，這兩者所感受到的是同一種感覺（但科技進步，最近的電梯移動非常順暢，上文所說的無重力感受並不容易被察覺）。

照片7　詹姆斯‧馬克士威

馬克士威為英國的物理學家，他根據麥可‧法拉第所建構的力場概念，建立電磁場的方程式，樹立電磁學理論，並發展出光學與電磁波方程式，導出氣體分子的速度分布以及氣體的平均自由徑。

（照片：AIP/ Yazawa Science Office）

　　愛因斯坦認為發現這種無重力感，是他「這輩子最了不起的想法」，而且他還根據這個發現導出「等效原理」（圖12）。

　　等效原理指出，物體進行加速度運動所產生的效果，與重力對物體所造成的效果，兩者無法區分（即為等效），亦即，假如你與周圍所有的物體都處於自由落體的狀態，你將無法感受到重力。

　　等效原理改變了人們至今對物理學的理解，使物理理論產生許多不同的結論。例如，人們發現地球上的觀測者所觀測到的，從遠方傳遞到地球，進入重力場範圍的光線並非直線，進入重力場的光線會彎曲成圓弧狀。

　　愛因斯坦大約是在1911年發表此說，他主張光線行經重力場，會產生彎曲，而這個推測的正確性直到八年後才由英國天文學家亞瑟‧愛丁頓（照片8）驗證（圖13）。

　　愛丁頓為了觀測1919年5月29日的日全蝕現象，而遠赴非洲西海岸的普林西比島進行觀測。此時，愛丁頓發現他竟然可以觀察到月球後方的星光，發出這道星光的星體理應被太陽遮住，在地球上的觀測者應該不能在太陽周圍看到這道星光。由此可知，此星體所發出的光線行經太陽重力場時，路徑產生偏移。

　　因此，愛丁頓的日全蝕觀測作業成功證明了等效原理。愛丁頓的觀測成果不只證明等效原理，也證明了廣義相對論。

圖12　等效原理

在電梯裡感受到的無重力狀態，是因為重力與電梯產生的加速度相等。愛因斯坦由「等效原理」導出「時空彎曲」的概念。

照片8　亞瑟・愛丁頓

愛丁頓（右側數來第三人）率領日全蝕觀測小組前往西非幾內亞灣的普林西比島進行觀測作業，驗證了廣義相對論。

圖13　愛丁頓的觀測

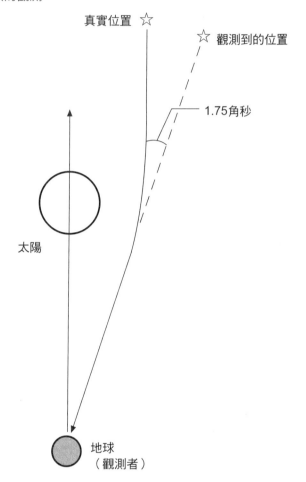

比較因日全蝕而觀測到的星體位置，與半年前星體的位置，便能確認，太陽周圍的星體所發出的光線，會因太陽的重力而彎曲。因此廣義相對論的主張「重力場中的光線會彎曲」，是成立的。

黎曼的 n 維幾何

　　德國數學家格奧爾格・弗雷德里希・波恩哈德・黎曼在1854年舉行的就職演講，是數學史的里程碑。因為這個演講從根本上顛覆了統轄數學界兩千多年的「歐幾里得幾何學」，這可說是數學的一大革命。

　　歐幾里得幾何學研究二維空間和三維空間的圖形，甚至是「平直的」線性空間的圖形。而黎曼空間則擴展至「彎曲空間」與多維空間的圖形。

　　在黎曼發表就職演講的三十年後，黎曼所提出的「神秘的四維」觀點才引發熱烈討論（參照第2章）；又過了三十年，愛因斯坦才逐步使「四維時空論」完善；近期的弦理論研究者還嘗試導出宇宙所有物理法則的統一理論，而使黎曼的「度規張量」朝向「超度規張量」發展。

　　黎曼論文的中心思想是著名的「畢氏定理」。「畢氏定理」是基本的幾何學概念，有關於直角三角形三個邊長的數學形式：直角三角形較短的兩個邊長平方（二次方）相加，會與長邊（斜邊）的平方（二次方）相等。

　　這個公式能夠輕易廣義化成三維立體空間。立方體各邊長的平方和，與斜對角線長的平方相等（$a^2 + b^2 + c^2 = d^2$，圖14），這可以應用於n維的「超正方體」。黎曼發現，在任意的n維空間，無論是平直空間或彎曲空間，這個廣義的畢式定理都可以成立。

　　黎曼的研究目的是要導出「所有平面與曲面的廣義論述」，這並不是一件簡單的工作。

他引用英國物理學家麥可‧法拉第導出的電磁場理論，來分析空間的電磁力，如此一來，空間中任意一點的電磁力都能以數值標示，電磁場理論可以賦予任意點的電磁力，一連串的數值。

圖14　立方體邊長

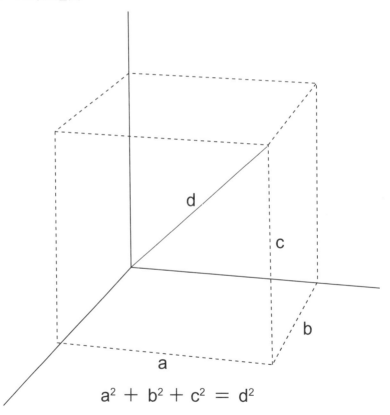

$$a^2 + b^2 + c^2 = d^2$$

立方體各邊長的推算是按照三維度的畢氏定理。依此方程式可以輕易地廣義化n維超正方體的各邊長。換句話說，人眼雖然無法看見高維度的物體，但是人們可以根據此廣義定理，以數學形式簡單表現出n維空間。

依據這個理論，黎曼用多組數值來表示空間的各點，以呈現空間彎曲的程度。在二維平面或曲面中，每個點都需要三個數值才能完整表達，而黎曼發現位於四維度的點，需要用十個數值才能完整、正確地表示空間的彎曲程度。

　　現今，這些表示空間曲率的數值群，稱為「黎曼度規張量」（圖15），而以超對稱為基礎的重力理論——超重力理論，則用超度規張量取代簡易的黎曼度規張量，使度規張量不只有十個數值，而是由數百個要素構成。

圖15　黎曼度規張量

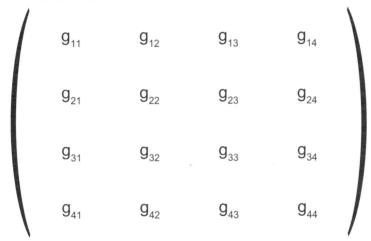

$$\begin{pmatrix} g_{11} & g_{12} & g_{13} & g_{14} \\ g_{21} & g_{22} & g_{23} & g_{24} \\ g_{31} & g_{32} & g_{33} & g_{34} \\ g_{41} & g_{42} & g_{43} & g_{44} \end{pmatrix}$$

黎曼度規張量以數學記述，表示n維彎曲空間的所有訊息，雖然四維空間的各點被分配了十六個數值，但實際上其中有六個數值是重複的，所以空間各點的數值表示其實只有十個。

COLUMN 2

兩種相對論

　　愛因斯坦發表了兩種相對論，一種是以德語寫成的數篇「狹義相對論」（1905年）論文，另一種是十年後，同樣以德語寫成的「廣義相對論」（1915、1916年）論文。

　　這兩種相對論究竟想要表達怎樣的大自然現象呢？

　　我們先來看狹義相對論的基礎假設，愛因斯坦的狹義相對論具有兩個基本假設：

　　假設1：所有慣性座標系中的物理法則都相同。

　　假設2：光的速度是恆定的。

　　假設1純粹是邏輯性的原理（狹義相對性原理），而假設2則依據法國物理學家阿曼德・斐索於十九世紀中期進行的史上最初光速地表測量實驗（當時測定實驗結果為秒速三十一萬三千公里），所得的測量數據。

　　愛因斯坦主張，如果這兩個假設成立，時間與空間就不具各自獨立的絕對性，而是要由觀測者的觀點來決定時間及空間，因此他導出三個結論，主張移動速度接近光速的物體：①時間會變慢、②長度會收縮、③質量會增加。

　　替狹義相對論加入重力和加速度，使之擴展到實際的整體空間，會形成廣義相對論。廣義相對論由下面兩個基本假設構成：

　　假設1：在所有參考座標系中，物理法則都相同。

　　假設2：重力質量和慣性質量（即加速度）相同。

　　前者的假設純粹屬於邏輯性的原理（廣義相對性原理），後者則來自伽利略的實驗結果：在光滑的斜面軌道上，放置重量不同但大小相等的球體，將這些球體在同高度、同時間滑下，球體

會同時抵達軌道底部（等效原理）。

愛因斯坦根據廣義相對論的兩個假設，得到以下結論，或許應該說，他依據這兩個假設導出以下的推測：①具有質量的物體，周圍空間會彎曲，即「重力是空間彎曲的現象」；②重力場中的光線頻率會降低；③有重力波的存在。

對於這兩種相對論，之後我們將以多種實驗探討它們的真實性，不過在這些實驗中，有一些不精確的部分並無法直接驗證重力波的存在（但能以中子星質量的減少，來間接驗證重力波的存在）。也就是說，至今我們仍然無法完全確立相對論所有主張的真實性。

時間常被稱為「第四個維度」，但時間維度所代表的意義並不是空間維度的一維度、二維度、三維度所延伸出的第四維度，

時間維度被用來測定物理性質改變的程度，是一種標準數值

COLUMN 3

時間維度與空間維度有何不同？

（參量）維度。

我們所存在的空間維度，沒辦法任意在時間維度中移動，只能由過去往未來，單向前進，時間的流速不會隨人類的意志變化，人類只能受時間影響。時間維度是特殊的維度，它是單一的存在。

在古典物理學中，以數學形式來表示現實世界，會與我們平時生活的感受一樣，時間的流向是由過去往未來的單一方向，不是人為能改變的。在古典物理學中，時間具有「對稱性」，無論

時間t是處在 + t （未來時間）或–t （過去時間），數學形式的表示都不會產生矛盾。所有事物，無論是過去或未來，都朝向相同的方向。

　　這在量子力學，基本上是一樣的。在量子力學中，時間可能朝過去的方向流動，也可能朝未來的方向流動，而能夠決定時間流動方向的唯一理論是「熱力學第二定律」。

　　熱力學第二定律推測「整體熵值（entropy熱力學函數）必定朝增加的方向改變」，無論物質或熱量，都會平均擴散到整體空間，熵值是平均、無序的，不受人為影響，是自然而然發生的狀況。這個定律說明所有事物都會不斷朝未來邁進，無法從頭再來或回到過去，這代表時間前方與後方的關聯屬於「非對稱性」。不過，無論是哪一種理論，人類都無法有深刻的體會。

　　至今的所有理論中，最具體應用時間維度的理論，應該是龐加萊與愛因斯坦的狹義相對論，而廣義相對論是狹義相對論的擴充。也就是說，相對論是人類能感受到的三維空間與一維時間，甚至是四維流形（時空）的構成要素。

卡魯札與瑞典的克萊因合作，融合物理學的
重要領域——電磁學，以及愛因斯坦的相對
論，創造了五維度的世界。這個充滿野心的
嘗試，使人們對空間的理解，產生了新的謎
題。

初論「五維度」

1920年代初期，愛因斯坦的統一理論將物理學基礎建構得更堅實，因此當時的人都很期待，這些基礎概念能解決新型維度或多維流形等難題。

不同於以絕對空間及絕對時間為基礎的牛頓靜態空間模型，愛因斯坦所研究的宇宙模型為動態（dynamic）空間模型，愛因斯坦的空間模型無法歸屬於歐幾里得幾何學的平直空間。我們現在所知的世界是屬於重力場的時空幾何學理論，此時空的內部沒有

圖1　煩惱的愛因斯坦

任何靜態空間與無變化的力場，任何事物都處於動態的相互作用力場之中。

愛因斯坦發展時間不長，所得成果卻極大的理論，給予人們統一所有物理理論的希望與期許。因此，愛因斯坦接下來的研究重點明顯在於電磁力（電磁交互作用）與重力的統一理論，他要將重力的幾何學理論（廣義相對論）與電磁力的幾何學理論合併，創建統一場理論。

但是，這個研究非常困難。1915年，愛因斯坦在一封寄給友人的親筆信，寫下如此怨嘆：「如何建造重力與電磁力的溝通橋樑，實在是我長久以來的煩惱。」

許多優秀的物理學家也處理這個難題，當時任職於瑞士蘇黎世聯邦理工學院的德國物理學家赫爾曼‧外爾（照片1）即是其中之一。以研究出最新迴圈量子重力學而聞名的美國物理學家李‧施莫林曾說：「外爾的思想基礎是『美麗的數學思想』。」外爾的理念成為粒子物理學「標準模型（Standard Model）」的中心思想。

在愛因斯坦和外爾的時代，科學家都很努力地歸納多種理論，但無法用實驗驗證，統一理論所進行的所有實驗都宣告失敗。愛因斯坦寫給外爾的書信，透露了愛因斯坦當時的心情：「先不提理論與現實是否能調和，目前若能以思考來得到概念，已是莫大的成果。」

雖然外爾的一些理論模型未能驗證於實際現象而不被採信，但是這些理論模型仍有一部分轉換了形式，重新展現於世人眼前。這些理論加入了一個新的「參量」，亦即新的空間維度，使所有維度的總和變為五個（五維度），這開啟了五維度的研究。

最先開始進行五維度研究的是芬蘭理論物理學家古納爾・諾德斯特諾姆（照片2）。

　　1914年，諾德斯特諾姆把電磁力的公式套入五維度的框架，竟然完整容納了重力，加入新的空間維度理論使重力與電磁力統一。

照片1　赫爾曼・外爾

外爾承襲自德國數學家、哲學家兼數學家的希爾伯特，他將愛因斯坦的相對論轉換為數學形式，解釋規範場論。規範場論是統一廣義相對論與電磁力的關鍵性理論，也是統一場理論的前身。外爾是普林斯頓高等研究院早期的主要成員。

　　這個發現至今仍是許多統一場論的核心，不過諾德斯特諾姆以數學形式導入的五維度概念仍有不足，諾德斯特諾姆幾乎是立刻發現這個錯誤——理論中的重力只是純量（不同於具有方向與大小的向量）。在統一理論模型中，重力被視作無方向性的量值，這樣的重力概念是不正確的。

　　現在，人們幾乎已經遺忘諾德斯特諾姆，人們以為他對於科學界的貢獻只有五維度理論，因為他提出的額外維度觀點，是另一個統一理論的前身。這個統一理論的發表比諾德斯特諾姆晚了十年，即著名的「卡魯扎-克萊因理論」。

照片2　古納爾・諾德斯特諾姆

第一位嘗試將額外維度導入統一場論的芬蘭理論物理學家。

推測空間「漣漪」的
卡魯扎-克萊因理論

　　數年後，諾德斯特諾姆的構想被當時不為人所知的德國數學家西奧多·卡魯扎延續。1885年出生的卡魯扎天賦異稟，才華洋溢（照片3）。

　　卡魯扎就讀德國北部的普魯士柯尼斯堡大學，不僅主修數學、物理學和天文學，還精通化學、生物學、法學、哲學以及文學等。卡魯扎能夠聽說讀寫十七種語言，特別喜好阿拉伯語。他能夠將嚴謹的科學理論應用到日常生活，舉例來說，三十多歲不會游泳的卡魯扎僅讀過解說游泳姿勢的書，就能在水中悠泳。

　　1919年卡魯扎的短篇論文，以馬克士威與愛因斯坦所建構的偉大場理論為基礎，提出結合這兩大場論的五維度理論。卡魯扎結合的兩大場論，發現重力與電磁力在任何力場作用的空間結構，都會產生「漣漪」（或稱波動，圖2）。這說明重力通常以三維空間的漣漪作為傳導介質，作用於宇宙，而電磁力則由五維空間的「漣漪」為載體，傳遞到整個宇宙空間。

　　卡魯扎把此論文的相關資料寫成書信，寄給愛因斯坦，愛因斯坦回信提議，卡魯扎可以將這份論文公開。因此，卡魯札便為這篇以德語寫成的論文，在1921年舉行論文發表會。

　　卡魯扎以諾德斯特諾姆的數學理論為起點，踏出這篇論文的第一步。卡魯扎的論文清楚地記載：討論重力的愛因斯坦場方程式（由十個場方程式構成）本質上並不屬於四維空間，而是屬於五維空間。

　　卡魯扎將測量空間彎曲度（曲率）的黎曼度規張量（註1），運用於愛因斯坦場方程式。這個方法能應用於五維度，甚至是任

意維度，將此方法公式化便能應用於受物質或能量影響的重力場公式。

　　卡魯札應用黎曼度規張量發展出的五維度方程式，除了愛因斯坦的四維度場方程式，當然還包含了其他理論。讓人驚訝的是，這竟然是馬克士威的電磁場理論。

照片3　西奧多・卡魯扎

融合愛因斯坦的重力場理論與馬克士威電磁場理論，提出五維度方程式的德國數學家、物理學家。
（照片：Wikimedia Commons）

註1　度規張量
參照第115頁的COLUMN①。

卡魯扎所發表的五維度規張量重力方程式，包含愛因斯坦的重力場理論與馬克士威的電磁場理論。

　　難道這是偶然嗎？卡魯扎對此特殊狀況如此評論：「會產生這種情況，代表這是無與倫比的統一形式……這決不是無法推測的偶然，也不是故意操弄的結果。」

圖2　時空的「漣漪」示意圖

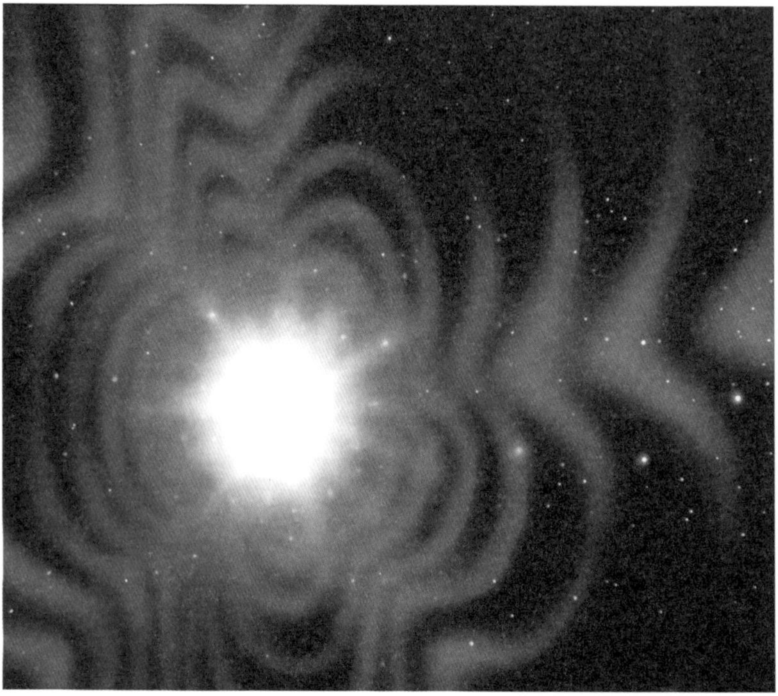

如同將石頭投入水潭，水面會產生漣漪，運動中的物體會使空間彎曲而產生漣漪，此波動將擴散到整個宇宙空間。

（插畫：Yazawa Science Office）

　　卡魯扎將這份論文寄給愛因斯坦，而愛因斯坦回應：「漂亮、大膽。」

　　愛因斯坦一向慎重行事，他替這份論文審查，使出版時間延遲近兩年。因為愛因斯坦堅持探求物理學的「real thing（真實、實際存在的理念）」，所以他不會滿足於只能建立於數學形式的維度理論，愛因斯坦追求的是數學抽象維度延伸出來的物理性質，例如：五維度在何處？五維度的範圍多大？我們為什麼看不見五維度？

　　1926年，有位研究者嘗試解答愛因斯坦的疑問，他是瑞典的理論物理學家兼數學家，奧斯卡・克萊因（照片4）。

　　1894年，克萊因在斯德哥爾摩誕生，他是首席拉比（猶太教領導者）之子。青年時期，克萊因求學於諾貝爾研究所，師從斯凡特・阿瑞尼士（註2），後來住在哥本哈根三年，在著名的物理學家尼爾斯・波耳（註3）身邊進行研究。

　　克萊因認為卡魯扎理論所提到的五維度會捲曲成極小的中空圓柱狀（圖3），因為此五維模型極小，所以其中的物理量或其他量值都難以想像地微小，即為「普朗克長度」。

註2　斯凡特・阿瑞尼士（1859～1927年）

幼年時期便展現天才兒童的特質，知名的瑞典化學家，在物理化學研究發展的初期提出革命性的理論，他所導出的化學反應速率常數方程式（阿瑞尼士方程式），被沿用至今。他因提出解離說，而獲得1903年的諾貝爾化學獎。

註3　尼爾斯・波耳（1885～1962年）

出生於丹麥，1916年任職哥本哈根大學教授，1920年升職為理論物理學研究所所長。喜歡討論的波耳，身旁總是集結許多優秀的年輕研究員，是建構量子力學的領導者。波耳精研原子結構與核分裂理論，在第二次世界大戰中遭納粹德國放逐，移居美國，參與核武開發計畫。1926年獲得諾貝爾物理學獎。

以國際單位表示普朗克長度，是10^{-35}公尺，為一公尺的兆分之一乘以兆分之一再乘以千億分之一，微其渺小，比質子直徑小十九次方。換言之，以現有的科技，人類無法觀察普朗克長度。

照片4 奧斯卡‧克萊因

THE OSKAR KLEIN
MEMORIAL LECTURES
Volume 3

Editors: Lars Bergström & Ulf Lindström

將額外維度「緊緻化」的瑞典理論物理學家，以克萊因-戈登方程式、克萊因-仁科方程式、時間旅行理論，以及克萊因謬論等聞名。斯德哥爾摩大學每年都會舉辦克萊因紀念演講，出版此活動的克萊因演講錄。

　　但這不是克萊因隨意導出的數字，普朗克長度是由物理的三個基礎常數——光速、普朗克常數以及重力常數，所定義的數值（註4），它兼具物理的意義，是「量子重力論」的唯一長度。

　　克萊因將五維度「緊緻化」，使相對論與量子理論在五維度產生關聯。

　　對當時的物理學家與數學家來說，量子理論是最熱門的主題，所以有些物理學家以克萊因的論文內容，改進卡魯扎的論文，而逐漸發展成我們熟知的「卡魯扎-克萊因理論」。這些理論物理學家，包括沃爾夫岡・庖立（註5）、路易・德布羅意（註6）等，愛因斯坦當然也在其中。1927年，愛因斯坦寄給友人的書信寫到：

　　「這個五維度理論使重力理論與馬克士威理論（電磁理論）完整統一，完全符合現實。」

註4　普朗克長度

無法以古典重力理論（廣義相對論）描繪的時空區域，長度為10^{-35}公尺。光子移動普朗克長度的距離，所需時間為10^{-43}秒，稱為「普朗克時間」，大霹靂理論無法說明先於普朗克時間的宇宙狀態。

註5　沃爾夫岡・庖立

出生於奧地利維也納的物理學家，是恩斯特・馬赫的孫子。1925年發現「庖立不相容原理」，庖立對量子場論有極大的貢獻，獲得1940年的諾貝爾物理學獎。

註6　路易・德布羅意

法國貴族出身的理論物理學家。為解決光的波動性及粒子的二重性而發表物質波假說，為波動力學奠基，獲得1929年諾貝爾物理學獎。晚年致力於研究量子力學的因果關係。

圖3 捲曲的五維度

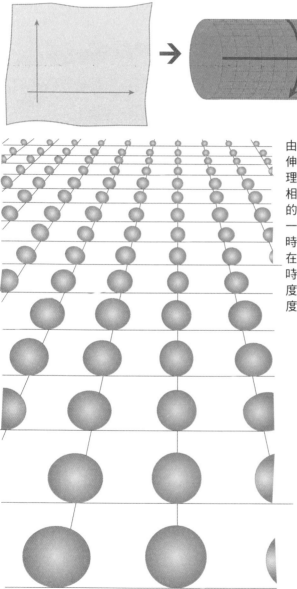

由卡魯扎提出，克萊因延伸發展的卡魯扎-克萊因理論，其理論根據是廣義相對論（重力）與電磁力的統一，使四維時空加上一個空間維度，變成五維時空，此理論探討的是存在於我們所處世界的五維時空，只是第五個空間維度是超小型捲曲狀的維度，我們無法看見。

不被重視的五維度世界

即使受到愛因斯坦的讚賞，五維理論仍無法扭轉科學界的既定印象，使這個理論到1930年代都不被重視，因為所有的物理學家都無法證實這個超越數學框架的第五維度存在。

卡魯扎-克萊因理論只假設額外維度是超越現實的極微小區域，卻沒有能力觀測此微小區域，因為當時沒人能建造「驗證卡魯扎-克萊因理論是否成立」的實驗裝置，所以無法確認這個理論所推測的觀點是否成立。人們無法以實驗推翻此理論，提出新的假說，只能以間接的方式來確認。

後來人們發現卡魯扎-克萊因理論有一個主要的缺陷：被推測為中空圓柱狀的第五維度不只尺寸極小，還處於「凍結狀態」。這代表第五維度的空間與時間互不影響。美國理論物理學家李‧施莫林（註7）指出這是卡魯扎-克萊因理論的致命缺點。

如果額外維度的整體空間處於「凍結」狀態，固定於原處，此維度的幾何外形即不具運動性。這將動搖廣義相對論的基礎定義，使理論產生致命破綻，因為廣義相對論是「不變的幾何學理論」。

註7　李‧施莫林

施莫林為美國理論物理學家，曾嘗試統一廣義相對論與量子力學，挑戰建構量子重力學領域，是「迴圈量子重力論」的多位創始人之一。弦理論與因果動態三角剖分（CDT，即時空由小型三角形構成）理論，都是迴圈量子重力論的基礎。現於加拿大圓周理論物理研究所，擔任研究員。

愛因斯坦雖然剛開始非常肯定卡魯扎-克萊因理論，但他卻改變想法，於1920年代後期提出以下評論：

　　「將四維時空連續體，轉換為五維時空連續體，其中有一個維度的封閉緊緻狀態是人為的，並不屬於正規途徑。由此可知，此理論尚未完整。」

　　嘗試統一重力與電磁力卻失敗的人不只有卡魯扎與克萊因，其他著名物理學家、數學家都曾嘗試統一這兩種理論，進行導入理論或不導入理論等實驗，但是他們都嚐到失敗的滋味。

　　舉例來說，愛因斯坦雖然提出「遠隔平行性」（Distant Parallelism，又稱「遠隔平行重力」）等概念，卻被沃爾夫岡‧庖立批評為「完全無關」，可能性遭到完全的否決，使當時的人們徹底遺忘此概念。

　　自從卡魯扎-克萊因理論被否定，直到1940年代，幾乎所有物理學家都沒有繼續深入研究這個統一場論。只要是研究這個理論的科學家，都會被全世界的物理學家歧視、嘲諷，不能加入討論團體。

　　1930年，愛因斯坦嚴格批判自己導出的統一場論：

　　「現在我所研究的新理論，只是將數學公式發揮到極限，運用符號將物理現實空間抽象化的理論。這理論的數學形式還不能解釋實際的實驗結果。」

　　這個嚴格的批判即是愛因斯坦所提出的「遠隔平行性」理論，而這一批評的批評對象是當時挑戰統一場論的所有研究者。

駕馭十六維度、二十六維度的理論家

由此可見，1920年代進一步統一物理學概念的所有挑戰者，幾乎都沒有研究出有意義的成果。因此，大部分的物理學家對五維研究漸漸失去興趣，轉而投入量子理論和量子力學等先進而熱門的領域。而且量子領域還有另一個優勢——充滿著能讓年輕、聰明的物理學家聞名於世的可能性。

在統一所有物理形式的過程中，有時會閃現一些想法，因此以長遠目光來看，這一連串的嘗試仍有益於物理學研究。例如，赫爾曼・外爾1919年提出的概念，雖然備受漠視，卻因為數十年後，粒子物理學家所研究的「規範場論」（參照第146頁COLUMN）而有進一步發展的機會。卡魯扎所提出的空間維度數量擴展理論，與奧斯卡・克萊因的「緊緻化」概念，則在更久以後才被廣泛地應用於弦理論與宇宙學。

在卡魯扎之後，有許多物理學家會重新思考以前完全沒有注意到的主題。這代表人類所處的空間，可能是超越四維度的世界。

雖然卡魯扎只追求多一個額外維度的世界，他滿足於五維度的世界，不過現在的理論物理學有許多名為「弦」、「超弦」、「超對稱性」的概念，能夠運用於高維度，所以如果這個研究方向正確，便有可能出現六維度、十維度或十一維度，甚至更高維度的概念。某些理論學者認為十六維度的弦會振動，還有人認為二十六維度是必要的概念。

總之，這些額外維度依然「隱藏」在空間中，雖然不被人類的雙眼所見，但一直存在著。許多物理學家想像未來的先進技術將如何建造「可放大物體來觀察的觀測裝置」，不過即使擁有這種裝置，人類還是無法用肉眼觀察額外維度。

　　若使用所有方法，都無法觀察這些額外維度，額外維度的確具有不存在的可能性。不過如此簡單地斷定額外維度不存在，會使多數理論物理學家失去研究主題，大家將會失業。

　　在這種情況下，出現了這種主張：額外維度為真實的存在，不過緊緻化變成肉眼無法觀察的大小。這是額外維度理論的開拓者——奧斯卡・克萊因，提倡的概念。

隱藏的維度

　　額外維度反映於現實，究竟是怎樣的物理現象呢？「經過緊緻化的大小」是怎樣呢？踏入多弦理論的大門之前，我們可以為「多維世界」塗上各種色彩，畫成混沌、奇特的「粒子動物園（Particle Zoo）」，嘗試建構人眼無法看到的「隱藏維度」。

　　我們可以直接觀察人類所處的世界——三維空間，也可以觀測位於宇宙的任意方位，離我們數百、數十億光年遠的天體。

　　在如此遼闊的宇宙空間中，有怎樣的現象呢？三維空間是否會持續延展到更加遙遠的遠方呢？空間彎曲所產生的現象，是否有可能使三維空間彎曲成封閉形狀，如同一個無限巨大的中空圓柱？若真如此，太空船航行到宇宙的盡頭，會再次回到航行的起點嗎？

　　理論上，我們應能觀測、測定所有存在於三維空間的物質和現象。若有人類無法觀察、測定的事物，可能是因為我們還不確定它所屬的維度；也可能是因為此維度空間趨近於無限大，或是基於這兩者以外的特殊原因。

　　現在我們已確認額外的「隱藏維度」並非無限大的空間，所以有可能觀察到額外維度投影於現實的情形。目前我們仍然無法看見額外維度，是因為額外維度是「封閉」的，呈現彎曲捲起的中空圓柱狀。

　　現在，我們先來推測額外維度空間與三維空間構成的模型，實際上這並不是一件簡單的工作。

　　現任哥倫比亞大學教授的布萊恩‧葛林（照片5）與葛林的高中同班同學，現任哈佛大學教授的麗莎‧藍道爾（參照第197頁照片4）用命名為「花園水管（garden hose）宇宙空間」的理論模型，嘗試解釋為什麼人類觀察不到這些額外維度。花園水管是指花園裡用來灑水的水管。

　　假設你站得離水管非常遠，此時，你觀察水管的某一部分，會像在觀察一維度線；當你靠近一點，你會發現這條一維度線（或說是水管）仍有厚度（直徑），這代表水管不僅表面是二維度的曲面，切下來的一段水管是三維空間（圖4）。

　　假設水管的表面有一隻螞蟻。當螞蟻行走於水管表面，牠的移動方向只有兩種形式：一種是沿著水管的長度方向，向前或向後移動；另一種是繞著水管剖面的圓周，以順時針或逆時針方向移動，這代表螞蟻的世界是二維空間。一個維度是朝向水管長度方向的維度，另一維度是沿著水管表面繞圈的圓環狀封閉微型維度。

我們身處的遼闊維度空間，與圓環狀封閉型的微型（Micro）維度所組成的世界，就是「花園水管宇宙空間」。

　　但這隻螞蟻與花園水管空間模型有一個理論上的缺陷。對螞蟻而言，世界是由沿著水管長度延伸的維度，與環繞水管的圓環狀維度所組成的二維世界，螞蟻的身體比水管的圓環狀微型維度小，由此可知，宇宙的最小維度，必須由比它更小的存在，才能看到。

　　提奧斯卡・克萊因的理論所提到的緊緻化維度已經遠遠超越人類所能感知與觀察的範圍，此維度的大小比負十幾次方小。緊緻化維度約等於普朗克長度，是物理學應用量值（物理量）所能推導的最小尺寸。

　　這麼微小的維度無法用人類目前所知的方法來觀測，所以對人類而言，這個世界看起來是三維空間，再加上一個時間維度便構成四維時空（或說，看起來是四維時空）。

　　花園水管的世界與我們人類的世界有相似情形。如果不是螞蟻這種小生物而是一個巨大的生物爬在花園水管上，牠會看不見水管的圓環狀微型維度，不會發現水管是二維世界，反而會認為水管的世界同於「直線國」的細長直線，是一維度加上時間維度的世界。

照片5　布萊恩·葛林

現任哥倫比亞大學物理學、數學教授，是著名的超弦
理論研究者。著作《優雅的宇宙》為美國暢銷書。

圖4　花園水管宇宙空間

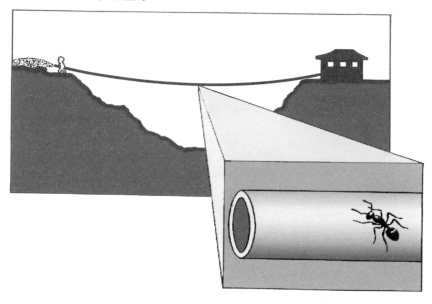

①由遠處觀察「花園水管」會像一維度線。
②將水管放大，可知水管是有厚度（直徑）的物體。螞蟻可以沿著水管剖面的圓周移動。

（資料來源：Brain Greene,The Elengant Universe1999）

五維空間與六維空間

　　人類可能會遇到前述的情形。我們住在卡魯扎-克萊因理論所推測的五維空間，由四個空間維度與一個時間維度構成，我們已習慣三個空間維度與一個時間維度的世界，無法理解額外維度。因為縮小到極限，捲曲成中空圓柱狀的第四空間維度，完全不在我們的感知範圍內。

　　空間維度的數量會到達四，是人們難以想像的。而且，即便我們不知道有第四空間維度的存在，也不會對日常生活造成任何影響。無法感受到這個極微小的額外維度，不會對人類的世界觀產生任何影響。

　　二十一世紀，許多物理學家都對麗莎・藍道爾的「有效理論」概念進行延伸研究，以人類五感所能感知的事物為研究課題。

　　而「隱藏維度」則一直被大眾忽視，因為人類沒有能力觀察隱藏維度，所以沒有人認真研究。但是，如果隱藏維度確實存在，人們會有許多不得不思考的問題，例如：隱藏維度是怎樣的維度？隱藏維度的模擬圖是否能具體畫出來？要解決這些難題，恐怕得求助於幾何學。

　　讓我們再次回到卡魯扎-克萊因理論。圓環狀微型額外維度存在於整個三維空間，人們無法以平常熟悉的三維空間來理解它，但是我們所熟悉的三維空間，卻能降轉為二維空間——極薄的平面（slice）空間。

　　這個情況的額外維度就是脫離平面上所有空間位置（點）的圓環狀維度。如前文所述，花園水管所形成的無數個圓環將會沿

著水管長度的空間維度，排成一列（圖5）。

據此，我們來想像有兩個額外維度的情形：三維空間內到處都有兩個額外維度所形成的球型或環型（甜甜圈形狀）維度，構成五維空間。若空間含有比五維空間更多的維度數量，情況會變得更加複雜，例如：弦理論的六維度「卡拉比-丘空間（卡拉比-丘流形）」（詳見後文）。以弦理論研究者所主張的觀點來看，彎曲為圓形的超微型六維空間，可能存在著數萬甚至數十萬個空間類型。這說明，單一或是數個額外維度，可能存在於每個人的鼻子上，可能在火星的北極，或在銀河系的中心，分布在大家所能看到與無法看到的各個空間位置（參照第183頁圖1）。

額外維度的再現？

前述的「隱藏維度」理論模型，確實已是最趨近真實的理論，不過還是有些不足。

以人類天生的感官無法理解有效理論以及圓環狀的維度，所以對於這些理論與維度的相關研究主題，我們始終抱有疑問。可以簡單合理地說明未知的理論及維度嗎？可以完全除去「空間的額外維度其實不存在」的可能性嗎？

麗莎‧藍道爾所寫的《Warped Passages》（日文譯為「扭轉的宇宙」）提出這樣的見解：「額外維度能夠一直隱藏著，讓人完全無法區別四維世界與額外維度嗎？我並不如此認為。」

藍道爾尋思可以辨別更加高等的維度世界，與四維時空世界的因素。

　　但是她所思考的辨別因素，真的有討論的必要嗎？我們需要找出這些因素嗎？我們真的能看到這些來自高維度的因素嗎？若我們沒辦法直接觀察或感受到額外維度的世界，現在呈現在我們眼前的世界，當然就是四維度世界。

圖5　跳脫的額外維度

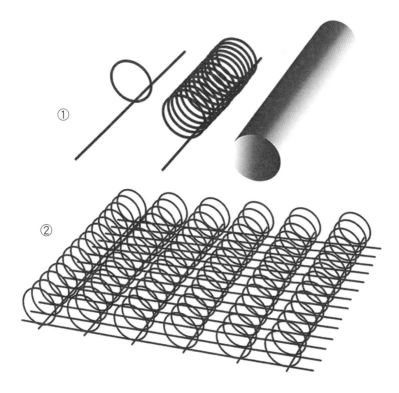

①當二維空間中，有一個維度捲曲成環狀，另一個無限延伸維度上的所有點，會化為圓環形的維度。
②當三維空間中，有一個維度捲曲成環狀，其餘兩個維度所構成的平面上所有點，會化為圓環狀的維度。

（資料來源：L.Randall, Warped Passages ，2005）

此指人類與「平面國」（二維平面）居民所遇到的情況非常相似。平面國的居民只能看到兩個空間維度，因此他們觀察三維度的球體，會把它看成二維度的圓盤，我們所在的世界也會出現相似情形，即便有從高維度空間傳遞過來的粒子，也會被我們看成在三維空間中移動的粒子。

但是，即使我們沒有發現額外維度的存在，也不能觀察到額外維度，它仍會留下痕跡。額外維度可能出現於我們觀測的物理現象，或留下間接性的證據。

由麗莎・藍道爾帶領的物理學家，想要找到這些間接性的證據。他們期盼著，當「隱藏維度」跨越我們所在的三維空間，會發生「戲劇性效果」。這些科學家認為，當高維度空間橫越低維度空間，低維度空間一定會在某瞬間表現出不明的力場現象。

前文所述的卡魯扎理論間接地表示有額外維度存在的可能性，雖然這個理論具有嚴重的缺陷，但它還舉出數個令人驚異的性質。卡魯扎的主張，只是將一個額外維度加入，使三維空間與單一時間維度公式化的愛因斯坦廣義相對論，而此理論的時空維度具有相同於愛因斯坦的時空方程式。

其實卡魯扎的理論不只有愛因斯坦的時空方程式，還包含數個方程式，這些額外的方程式並非只是新維度的關聯式，還包括馬克士威的電磁場方程式。也就是說，為了使新的維度能夠導入理論模型，而產生的純粹數學方程式，竟能夠完整說明實際發生的物理現象。

這種情況是否只是偶然？這個理論探討的是，超越四維時空新型而深入的理論模型，是否可以對應到真實現象？加來道雄所發表的《平行宇宙》（Parallel Worlds）有如此敘述：「這個額外維度的數學方程式，含有馬克士威電磁場方程式與愛因斯坦廣義

相對論，這是否為發現電磁力與重力之統一理論的線索呢？」

　　或許真如麗莎・藍道爾所言，額外維度的存在，真的有某種可以追蹤的證據。藍道爾所盼望的，來自隱藏空間的訊息，最可能的粒子是「卡魯扎-克萊因粒子（KK粒子）」。下一章，為了深入探討統一理論，我們要將目光轉向這種未知粒子所攜帶的高維度訊息。

規範場論

　　德國數學家赫爾曼・外爾在1920年左右，用德文將愛因斯坦的重力理論修改成幾何學形式，再次嘗試說明重力場與電磁場的統一理論。在此過程中，外爾發現「度量水平的不變性」，意指即使變換長度的量值（gauge），理論也不會改變。

　　這些理論流傳於全世界的物理學家之間，德文論文被翻譯為英語，出現「規範不變性（gauge invariance）」或「規範對稱性（gauge symmetry）」等名詞。而這個將所有的作用力（即電磁力、強核力、弱核力與重力），應用於假想力場的理論，稱為「規範場論（gauge field）」。

　　雖然我們已知外爾最初的理論並不是正確的理論，但他的想法與「規範場論」一詞卻是電磁力與弱核力的電弱交互作用統一理論，以及強核力相關理論的現代粒子理論（稱為「標準模型」）之基礎。

　　規範場論主張所有作用力互相作用而生成的粒子是「規範玻色子」。規範玻色子是作用力媒介的粒子（例如，電磁場中，作用力媒介的規範玻色子是光子）。重力的規範玻色子是重力子，但重力子目前仍是假想粒子，我們還不能證明重力子的存在。標準模型可以說明統一三種作用力的「大統一理論」還是未完成，而且它完全沒有關於重力的理論，所以並不是完整的理論。

第 6 章

弦理論與多維宇宙

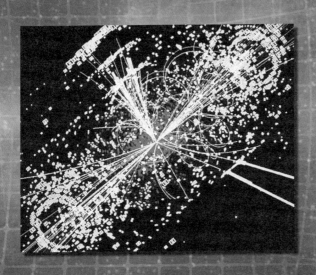

五維空間漸漸被遺忘，物理學界卻相繼發現
許多新的粒子，這些不同的粒子統稱為「粒
子動物園」。粒子動物園的出現，讓許多人
無法理解。此時，科學界出現以統一量子力
學與重力為目標的候補理論「弦理論」，使
被遺忘的多維空間，能起死回生，變成邁向
統一理論的墊腳石。

卡魯扎-克萊因理論宣告復活

由卡魯扎與克萊因提出的五維度模型，在1930年代消失於世人眼前。當時大多數物理學家完全不接受這篇論文，因此沒有科學家引用。

1950至1960年代，幾乎所有物理學家都不曾想過：是否有比三維空間更高維度的空間存在？事實上，當時大多物理學家對於「比四維度更高維度的宇宙空間可能存在」感到相當錯愕。

任職紐約市立大學的理論物理學家加來道雄的著作《穿梭超時空》（Hyperspace）記載，他在研究卡魯扎五維度理論時，周圍發生的重大事件。他描述1963年11月22日星期五，美國總統甘迺迪在德州達拉斯市被刺殺時，自己正在做什麼研究。

卡魯扎在1954年長辭於世。當時仍有科學家在研究額外維度的擴展方向，但人數很少。後來額外維度的命運改變，變成粒子物理學的主要發展領域，與統一場與力的實驗理論因素，而逐漸被世人所接受。

因此，我認為在討論人們至今仍在研究的多維世界概念之前，必須先回顧三十年前理論物理學的額外維度理論，才能瞭解額外維度理論的發展。1980年代，多位物理學家才將「標準模型」理論導入粒子物理學。

第二次世界大戰以後，粒子物理學代替長期位居研究主流的量子物理學，成為熱門研究領域。粒子物理學主要在（屬於從前物理學家未曾鑽研的主題）研究作用力對物質內部結構的影響。

1930年代之前，人們認為物質由三種基本粒子所構成，原子為物質的基礎，原子的內部由質子和中子組成原子核，原子核周

圍環繞著電子，以及因電磁場作用而產生的光子（圖1）。

　　但是這種單純的物質結構很快遭到淘汰。1930年代，有些理論物理學家對「β衰變」（圖2）感到困惑。β衰變發生於原子核內，是中子放出電子、轉換為質子的特殊現象，它很明顯地違反「能量守恆定律」。

圖1　物質的構造

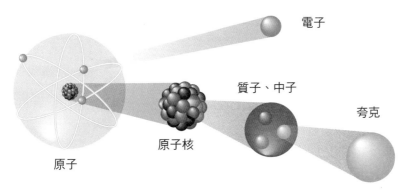

電子

質子、中子

夸克

原子核

原子

現在，人們認為構成物質的基礎要素是夸克和電子等粒子。

而最先進的量子物理學研究中，沃爾夫岡・庖立在β衰變的過程導入一個新粒子——微中子。微中子是中性粒子，不帶電荷，由1938年得到諾貝爾獎的恩里科・費米所命名。

按照庖立導入微中子的假說，來推導β衰變的現象，能解決能量守恆定律的不成立問題。1954年，弗雷德里克・萊因斯與克萊德・科溫進行實驗，成功觀察到微中子的存在（照片1），他們因此於1995年獲得諾貝爾物理學獎。

圖2　β衰變

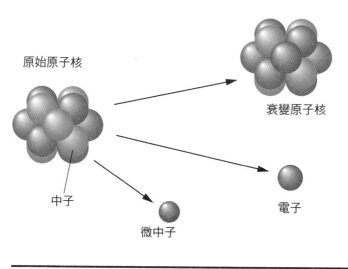

原始原子核

衰變原子核

中子

微中子

電子

β衰變

中子放出電子與微中子，轉變成質子。

　　另一方面，宇宙射線的觀測實驗，得到了宇宙未知粒子存在的證據。1950年代以後，世界各國開始實際運用稱為「原子擊破器（Atom Smasher）」的大型高能粒子加速器。原子擊破器是一種巨大的實驗設備，可使電子和質子等粒子加速至極高動能的狀態，讓粒子對撞以進行實驗。

照片1　微中子的初次觀測實驗

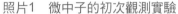

1954年，科學家首次在核反應爐旁邊安裝檢測裝置，發現反電子微中子（antineutrinos，又稱物理反微中子或電子反微中子，指電性與微中子相反，但其他性質與微中子相同的粒子）。

（照片：Fermilab/U.S.Dept.of Engery）

從「粒子動物園」到「夸克」

大型粒子加速器所進行的粒子碰撞實驗，可發現人眼無法看見的微型世界煙火，而這證明碰撞所生成的無數碎片含有數百種新型粒子（照片2），使1930年代之前的簡單粒子構想，迅速消失於歷史長河。

照片2　粒子的碰撞

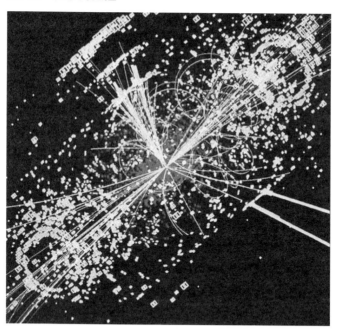

讓高能量狀態的粒子互相碰撞，產生強大能量，瞬間生成多種新型粒子。

　　後來許多粒子物理學家實驗發現各種新型粒子。他們用在美國、歐洲與日本等地的大型粒子加速器進行實驗，發現大量的新型粒子，使1960年代後半期的粒子研究被戲稱為「粒子動物園（Particle Zoo）」（圖3）。一般來說，粒子動物園是指三百多種粒子所構成的粒子世界（表1）。

圖3　粒子動物園

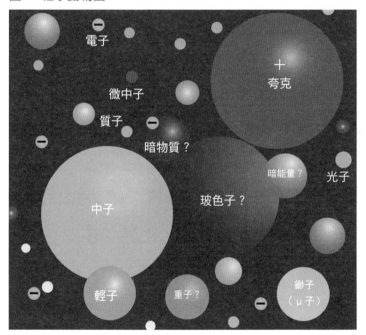

表1　粒子的分類

粒子	強子	重子（質子、中子等） 介子（π介子、K介子、J/ψ介子等）
	基本粒子	夸克（上夸克、下夸克、奇夸克等） 輕子（電子、微中子、μ子等） 規範玻色子（光子、W玻色子、Z玻色子等）

這種出現大量新型粒子的情況，雖然令人眼花撩亂，但我們不能忽略這些粒子的重要性，它們可使物質的基本形式更加簡化。如同物理學的場與力能夠統整成單一物理理論（統一理論），這些粒子應該也可以統整，因此我們必須重新整理這些粒子，才能加以整合。

照片3　默里・蓋爾曼

在奧地利出生的蓋爾曼，十九歲畢業於耶魯大學，二十二歲獲得麻省理工學院的博士資格。他提出夸克模型等多種概念，對粒子物理學有極大的貢獻，於1969年得到諾貝爾物理學獎。

（照片：Heinz Horeis/Yazawa Science Office）

　　但是中子、質子與其他粒子所發生的力場相互作用，是非常複雜的，要依據實驗所觀測到的物理現象，來有系統地理解粒子與力場，是極其困難的。

　　直到1970年代初期，美國物理學家默里・蓋爾曼（照片3）才找到一個決定性的解決辦法：假設構成粒子動物園的粒子都由某些「小型積木」組成，如此一來，所有粒子應該都能統整到某個單純的系統。

　　蓋爾曼將這些構成粒子的小型積木稱為「夸克」（表2）。

　　舉例來說，構成質子與中子的積木，由三個夸克所組成（圖4）。這些夸克在1974年的粒子碰撞實驗，首次被發現，但因為夸克具有「結合狀態」的性質，不會單獨出現於實驗，而會與其他粒子一起出現，所以我們只能間接地觀測夸克。除了夸克，還有稱為「輕子（Lepton）」的粒子，包含：電子、μ子、τ子、三種微中子，以及這些粒子的反粒子。

表2　夸克與輕子

	世代	名稱	符號	電荷
夸克	第1代	上 下	u d	+2/3 -1/3
	第2代	魅 奇	c s	+2/3 -1/3
	第3代	頂 底	t b	+2/3 -1/3
輕子	第1代	電子 電微中子	e Ve	-1 0
	第2代	μ子 μ微中子	μ Vμ	-1 0
	第3代	τ子 τ微中子	τ Vτ	-1 0

夸克的出現為研究粒子相互作用與作用力的粒子理論，做了事前準備。

　　不過1950年代初期，已經有科學家嘗試建構粒子的相互作用理論（模型化），他們試著統整原子核的兩種力（強核力與弱核力），成為統一理論。這些科學家包括華裔美籍的物理學家楊振寧（1957年獲諾貝爾物理學獎，照片4）與楊振寧的學生羅伯特・米爾斯等人。

　　強核力（強交互作用力）是束縛質子與中子的原子核作用力，它使夸克互相連結，構成質子和中子。

　　弱核力與原子核 β 衰變（質子轉變成微中子，或中子轉變成質子），釋放電子、微中子與各種反粒子的過程密切相關。強核力與弱核力約相差10^{13}倍，有十兆倍之多。

圖4　質子與中子

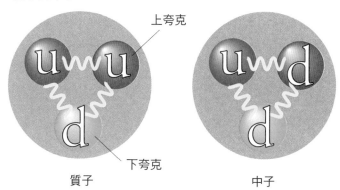

質子和中子都是由三個夸克所組成的粒子。

照片4 楊振寧

從中國移居美國，自1949至1959年任職於普林斯頓高等研究院的研究員。1957年因為宇稱不守恆原理的研究，與李政道共同獲得諾貝爾物理學獎。
（照片：AIP/Yazawa Science Office）

提倡楊-米爾斯理論的南部陽一郎

當時楊振寧與羅伯特‧米爾斯所提倡的理論（楊-米爾斯理論）是今日粒子物理學「標準模型」（Standard Model，又稱標準理論）的基礎，但是標準模型的基礎不只靠他倆建構，因為他們

照片5　南部陽一郎

1952年移居美國，於普林斯頓高等研究院及芝加哥大學研究理論物理學。提出強子相關理論「南部-後藤模型」，對弦理論的初期發展有貢獻。1960年代致力於研究粒子物理學的「自發對稱性破缺」概念，以及量子色動力學前身的「色（color）」概念。2008年得到諾貝爾物理學獎。

（照片：Betsy Devine）

的研究沒有被當時的學術界所接受，大部分科學家都不重視，所以此理論經由後世科學家的努力才得以完整。

2008年獲得諾貝爾物理學獎的南部陽一郎，即是早期致力於研究楊-米爾斯理論的科學家（照片5）。當時的研究環境不利，南部陽一郎雖然努力地嘗試以數學形式來補充楊-米爾斯理論，但這耗費他將近二十年的歲月，而且最後楊振寧等人所提出的數學公式，還是有些部分無法完全解釋清楚。

楊-米爾斯理論提到一個重要的概念：作用力與粒子的可交換性與極微小能量的置換性等現象，有一定程度的關聯。在粒子之間傳遞作用力的媒介物質，稱為「玻色子（Boson）」。玻色子只存在於受限的空間與時間，而除了夸克與輕子，第三種構成物質的粒子即是由玻色子所組成的粒子，包括膠子與光子（Photon）等。

膠子是夸克相互作用的媒介，是以「膠狀（Glue）」互相結合的粒子。光子是電磁力（電磁相互作用）的媒介。

1970年代中期，由於這些理論物理學家的研究，原本處於混沌狀態的粒子動物園，得以統整於單一框架（圖5），後來這個框架逐步發展成粒子物理學的標準模型。

「標準模型」仍是不完整的理論

很明顯的，標準模型理論是以楊-米爾斯理論為核心，根據此理論可以清楚地解釋前述的三種基本粒子（夸克、輕子與膠子）是構成物質的單位。

另外，此標準模型還統一了三種作用力。這三種作用力來自粒子的相互作用（第四種作用力，重力也是粒子相互作用產生的

圖5 標準模型

●物質粒子

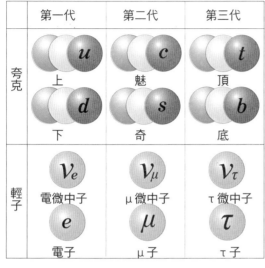

	第一代	第二代	第三代
夸克	u 上 d 下	c 魅 s 奇	t 頂 b 底
輕子	v_e 電微中子 e 電子	v_μ μ微中子 μ μ子	v_τ τ微中子 τ τ子

●希格斯場的粒子（未發現）

希格斯粒子

●傳遞作用力的媒介粒子（規範粒子）

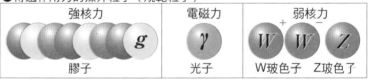

強核力	電磁力	弱核力
g 膠子	γ 光子	W^+ W^- Z W玻色子　Z玻色子

自然界的三種作用力（強核力、電磁力、弱核力），以及關於這些作用力的粒子理論。

（資料來源：KEK　圖：Yazawa Science Office）

表3　自然界的四種作用力

作用力	作用	媒介粒子
強核力	原子核（質子與中子）的生成、質子衰變	膠子
電磁力	原子和分子的生成、化學反應	光子（Photon）
弱核力	原子核的衰變	W±玻色子、Z₀玻色子
重力	行星的運行、銀河和星星的形成	重力子

作用力）分別是：馬克士威方程式的電磁力、楊-米爾斯理論說明的強核力，以及弱核力（表3）。標準模型自發展階段開始，經過不斷地補充，最後成為將近完整的理論，總共耗時近五十年。

美國物理學家史蒂文・溫伯格，是建構標準模型的其中一位科學家，他努力不懈地研究，最後因此於1979年成為諾貝爾物理學獎的共同受獎人。溫伯格曾經多次對此研究發出感嘆，以下是他最具代表性的發言：

「我感受到理論物理學的歷史是如此漫長，使我不禁認為——存在於原子核的強核力，實在太過複雜，使人類難以理解原子核的運行原理。」

即便他這樣說，人類的智慧最終還是分析、理解了這複雜的作用力，即使是由純粹的數學公式所形成的標準模型理論，仍可以明確解析物質的性質。

標準模型不只是一個理論，還可以應用在現實世界，具有效性。而世界各國逐漸開發高能粒子加速器，投入標準模型的驗證實驗，使物質的性質能清楚、完整地表現出來。由此可知，理論物理學家和粒子物理學家的確朝著「萬有理論、終極理論」的方向邁進。

但目前的標準模型還不是一套萬有理論，只是假說，因為標準模型還缺乏一個決定性的作用力——重力。

從缺少重力的標準模型出發，向前邁進

即使標準模型理論已經建構完成，物理學家還是無法放鬆，因為還有極為重要、基本的幾個疑問，沒有解答。

其中一個問題是標準模型缺少重力，使愛因斯坦的廣義相對論，被排除在標準模型之外。

如果以物理學的完整統一理論為目標，科學家勢必要將重力統整進這個理論，但是比起其他三種作用力，重力實在是非常微小，因此將重力統整到單一理論，是非常困難，卻重要的課題。

而且許多宇宙學者發現標準模型有另一個關於重力的問題──質量差距，因為標準模型僅能說明約四分之一的宇宙整體質量。

其他四分之三的質量（稱為「暗能量（dark energy）」，圖6）隱藏在什麼地方呢？

物理學家認為，要建構完整的標準模型理論，必須先找出承載著宇宙大部分質量的未知粒子，這個粒子目前稱為「希格斯粒子」。現在我們只能期望全世界最高級的大型強子對撞加速器（簡稱LHC，參照第175頁COLUMN①），能夠讓我們觀測到這個幽靈般的未知粒子。

這台加速器2009年開始運行，後來因為運行事故等問題，在2010年秋天停擺，至今仍無法運作，但還是有許多物理學家及宇宙學家引頸期盼這個巨大的實驗裝置，能夠發揮完整性能，發現希格斯粒子。

真理的美麗與純粹，只獻給懂得的人

此外，仍有部分物理學家批評標準模型難以應用、不適當。

舉例來說，我們必需用三十六種基本單位，包括：夸克、反夸克等粒子，才能應用強核力，因此出現了具有各種「味（Flavour）」及「色（Color）」的夸克。

此外，我們必須用八個楊-米爾斯場（規範場論），才能運用膠子，而電磁場與弱核力則需要四個楊-米爾斯場，以此類推。

圖6　暗能量

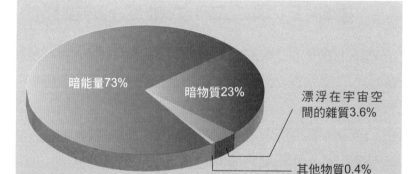

整體宇宙的所有能量及物質，我們人眼能見的目前推測大約只有4%，剩餘的96%是人類無法觀察到的暗物質與暗能量。

（資料來源：NASA）

標準模型會發展成如此複雜的理論，可能是因為發展過程中有某些失誤。對這種情況感到悲觀的美國偉大物理學家理查德·費曼（參照第191頁照片3、註3）曾述：「真理的美麗與純粹，只獻給懂得的人。」

發現夸克的物理學家默里·蓋爾曼，1994年出版的《夸克與美洲豹》（The Quark and the Jaguar），記錄他對標準模型的悲觀看法：「現在的標準模型不是最基本的理論。完整的純粹理論，應該是更加根本的理論。」

默里·蓋爾曼所說的「根本」理論是什麼呢？

大部分理論物理學家都以「弦（string）」為根本的理論。用弦的概念建構的「弦理論」，是創建量子力學與重力統一理論，最為有力的候選理論。

「振動弦」與「二十六維度」的世界

弦理論的發展可以回溯到1960年代後半期。當時的粒子物理學，都是小型獨立研究團體從理論方面，去探討「強子碰撞」會產生怎樣的現象。強子是由數個夸克，以強核力（又稱為強交互作用力、強力）連結起來，形成質子和中子。

弦理論的研究先驅是美國的物理學家麥克·克羅斯，他曾於1992年的某場演講介紹弦理論的歷史、狀況，以及意義，如下文所述：

「弦理論是物理學的理論性框架，誕生於保守的研究方式，並不會動搖粒子物理學的基礎。」

　　弦理論重新定義粒子，粒子已不是零維度的點。克羅斯將粒子定義為具有大小（長度）的一維度振動「弦」（圖7）。弦理論的維度超越人類所知的四維時空（參照第四章），是更高維度的時空理論。

　　弦理論研究者　我們已展開標準模型的理論研究。這個理論的研究目前進展得很順利，但沒有考慮到重力的影響。這份標準模型理論沒辦法清楚地說明所有粒子的質量性質，也無法解答其他問題，所以我們必需追求更廣義化的新理論。

圖7　振動弦

弦理論不把粒子定義成一維度的「點」，而是「弦」。弦的振動和弦的交互作用，逐漸生成各種粒子。

大自然之神　我手上握有一份嶄新、優秀的論文，雖然交給你們是無妨，但在統一重力與量子場的理論中，我已備好唯一可調整的可變數。你們必需處理的問題只有一個——求得與此可變數相稱的數值。你們如能完成此項任務，標準模型等理論將頓時化為無用之物。

弦理論研究者　請交給我。

弦的出現非常偶然。1968年，任職於CERN（Conseil Européen pour la Recherche Nucléaire，歐洲核子研究組織）的義大利年輕物理學家加布利耶魯·維內齊亞諾，解析強子碰撞的實驗結果，注意到這個實驗的粒子交互作用能夠以「β函數」的概念來說明。

β函數約出現於兩百年前，由瑞士的數學家李昂哈德·歐拉（Leonhard Euler）所開拓。而維內齊亞諾將此函數套用到粒子模型的強核力，成功建構強核力的數式理論。維內齊亞諾發現的純粹數學形式，竟然和既存的實驗數據幾乎吻合。

關於這個意外發現的數式理論，還有一個不為人知的軼聞。不只有維內齊亞諾發現β函數的應用，同時代的年輕日本物理學家鈴木真彥也發現β函數的可能性，但是他卻被一位物理學家反對，而沒有將他的β函數再擴展與強子碰撞的實驗應用等理論公諸於世。所以世人不會說「維內齊亞諾-鈴木模型」，不認為鈴木對強核力分析有貢獻，認為這是維內齊亞諾個人的功績。

　　不過，維內齊亞諾發現此解析法還有一個尚未解決的難題——無法說明理論模型的功能。隱藏在這個事實之下的物理學形式，是如何呢？

　　這個疑問直到1970年，才由三位物理學家聯手解決，其中一位是未來數十年可能得到諾貝爾物理學獎的南部陽一郎。

　　這三位物理學家並非攜手合作這項研究，而是個別獨立研究，但他們卻導出幾乎完全相同的論點：

　　「若用振動弦模型來建構粒子，原子核粒子的相互作用便可以用維內齊亞諾提出的數學模型來說明。」

　　這三位物理學家堅信此理論會讓全世界的人驚奇，不過這只是他們的誤解。因為南部等人對原子核強核力所做的說明，幾乎引不起世上多數物理學家的興趣。

　　這個新的看法還有數個問題。例如，振動弦理論如果加入一個時間維度，共需要二十六個維度，這使它變得極不合理。但是如果能將現有的時空理論，由四維度增加到二十六維度，可以解決這些看起來不甚合理的問題。

　　此外，這個振動弦理論假想的多個粒子，其中包括以超光速運動的「快子」。快子有永不靜止、不具質量等性質，所以當時的人都認為，弦理論不像合理而正式的理論物理學，比較像科幻電影的劇本。

此外，初期的弦理論沒有考慮到自然界的所有粒子。具體來說，所有屬於費米子（Fermion，註1）的粒子都沒有被納入弦理論，無法完整表述原子核內部的強核力，而標準模型理論已有結合強核力的方法。

因為有這麼多問題，所以弦理論不怎麼被全世界的物理學家接受，特別是明顯抗拒研究高維度的研究者，因此，卡魯扎-克萊因理論長期不受重視。

超對稱性

因為有些物理學家渴望名留青史，想要竭盡全力於自己的研究領域大放異彩，使這個嶄新的物理學概念只有少數幾位理論物理學家在研究。

任職於芝加哥費米加速器實驗室（照片6），出生於法國的年輕物理學家皮耶爾·拉蒙，是少數弦理論研究者之一。拉蒙對自己的評論如下：「我曾是一位挖掘弦理論礦山的礦工。」

在這個研究領域花費五年時間的拉蒙，回顧自己的研究歷程，發現最能滿足求知欲的時期，正是這五年。

拉蒙至今仍清晰地記得，當時研究小組與南部陽一郎討論的點點滴滴。南部曾對拉蒙說：「我將致力於解析這些難以解決的問題。」拉蒙被這句話深深感動，甚至清楚記得這位前輩招待自己共進午餐的情形。

註1　費米子（Fermion）

指自旋為半奇數（1/2的奇數倍數值，如：1/2、3/2、5/2等）的粒子，包含夸克、電子、質子、中子等，遵守恩里科·費米和保羅·狄拉克各自發表的統計概念，兩個完全相同的費米子無法同時處於相同的量子態（庖立不相容原理）。

　　1971年，拉蒙開始擴展弦理論，發表這個重要的研究成果。拉蒙將原本沒有納入弦理論的費米子統整進去，改良了1960年代維內齊亞諾的初期弦理論。

　　維內齊亞諾提出的弦理論，稱為「玻色弦理論」，是推測玻色子（Boson）存在性的理論，但是並沒有推測費米子（Fermion，註1）的存在性，即使大部分的粒子都屬於費米子。而且玻色弦理論還主張超光速粒子（快子）的存在，即使以現代物理學的角度來看，此粒子的存在也極不合理。這兩點正是玻色弦理論的最大缺陷。

照片6　美國費米加速器實驗室

因為發現頂夸克粒子而聞名的實驗室。圖左下方的圓形是兆電子伏特粒子加速器。　　　　　　　　　　　　　　　　　　（照片：Fermilab）

拉蒙的弦理論改進玻色子與費米子的「對稱性」，導出另一個新型對稱性，稱為「超對稱性」（參照第176頁COLUMN②）。

弦理論的超對稱性是個嶄新的發現，它的重要性可能遠遠超過弦理論。

此外，拉蒙還有另一項功績，他排除了弦理論的超光速粒子——快子。

超對稱性還可將玻色弦理論不合理的「二十六維度」，減少成十維度。而拉蒙從2010年開始擔任佛羅里達大學的特聘教授。

弦理論與重力的整合理論

弦理論隨著研究的進步，逐漸發展成超對稱弦理論，簡稱為「超弦理論」或「超弦論」，英文是「Superstring Theory」。超弦理論已發展成「不科幻」的假說。

即便弦理論的進展如此快速，還是沒引起科學界的關注，因為這個領域的研究者很少，多數科學家對弦理論研究沒什麼興趣，對弦理論的未來感到茫然。

接下來數年，還是有一些堅持研究弦理論的物理學家，例如法國的喬爾·席爾克，與美國的約翰·席瓦茲（照片7）。席瓦茲在晚年曾說：

「至1974年為止，大部分致力於弦理論的研究者，都脫離了此領域，轉而耕耘更新鮮、肥沃的研究土壤，但這個時期的標準模型卻逐漸發展到集大成階段。席爾克與我堅持到底，我們逆著當時的潮流，下定決心要面對弦理論的所有難題，永不放棄。」

　　這兩位物理學家研究弦理論的最大難題是——質量為零的粒子。

　　他們注意到弦理論必然會產生質量為零的粒子，也就是「重力子（graviton）」。重力子是傳遞重力波的假想媒介粒子，與光子（Photon，質量為零、電荷為零）非常相似。

　　當時除了席爾克以及席瓦茲，年輕的物理學家米谷民明（擔任東京大學教授至2010年3月）也注意到弦理論的重力特徵。

照片7　約翰·席瓦茲

以弦理論來分析量子重力理論的研究者之一。現任職於加州理工學院，是理論物理學教授。

由此可知，弦理論與重力結合是非常有可能的，甚至可以擺脫強核力關係式的強子物理學，實現將重力量子化的「量子重力」理論。這代表物理學的地平線，亦即愛因斯坦所追求的統一所有作用力的夢想，將會慢慢顯現在我們眼前，化為真實的理論。

以今日的觀點來看，屬於這個研究領域的額外維度，絕非災難，而應當受到歌頌。最終，人們認定重力理論的時空幾何學是動態（非靜態）的概念，因此我們不得不思考：額外維度的幾何整體是某一種緊緻化空間，席爾克與席瓦茲將這個現象稱為「自發緊緻化」。

於是，弦理論再次回到卡魯扎-克萊因理論的世界。

英年早逝的後繼者——席爾克

即使弦理論有了進一步的發展，一般物理學家還是無視這個理論。約翰・席瓦茲在2000年對當時的情況做出以下評論：

「儘管弦理論已經發展為統一所有作用力之正式、合理的基礎理論，大多數的理論物理學家仍需要近十年才能接受這個事實。我真不知道這是出自什麼原因。」

1979年，席爾克正處於三十四歲的壯年期，卻突然迎向人生的終點——死亡。有一說法認為患有糖尿病的席爾克，因為忘記注射胰島素而死，另一說法認為他是因為神經衰弱而自殺。

席瓦茲失去席爾克這位研究夥伴，於是與另一位年輕的英國物理學家麥克・格林（照片8）攜手合作，繼續進行弦理論的研究。格林是一位了不起的研究者，他努力不懈地研究著看似毫無研究價值的領域。

照片8　麥克‧格林

1970年代後期格林與席瓦茲相遇，而開始共同研究。1984年，兩人運
用數學方法「發現」超弦理論的存在。

直到1984年，這個令弦理論研究者惆悵的時代終於閉幕，突然有許多研究者轉移到弦理論的研究領域。而這突兀的轉變是因為席瓦茲與格林在世人看不到的地方，一直埋頭研究，終於除去理論中不合理的概念，將研究成果公諸於世。

　　這個改良理論乍看之下，已完整而無矛盾地討論了所有粒子與粒子之間的作用力（交互作用），這理論後來成為「最初超弦革命」的先導。在他們發表這個改良弦理論的隔天，突然出現對弦理論深感興趣的數百位理論物理學家，使弦理論一躍成為科學界的主流。

粒子加速器

　　大型的粒子加速器是觀測各種碰撞粒子性質的實驗裝置，它藉由強力磁場的作用，使質子及電子等帶電粒子加速至亞光速，讓粒子互相碰撞，激發出各種粒子，讓大型檢測裝置得以取得碰撞所釋出的訊息。

　　這種粒子加速器在澳洲、美國、日本等國都有，瑞士的LHC大型強子對撞加速器，整體周長為二十七公里，14TeV（14兆電子伏特）使它能產生地球上最強的動能，推動質子正向碰撞。LHC的長期實驗目標是藉由粒子對撞實驗，來證明「大統一理論」與「超對稱理論」（照片9）。

照片9　現今全世界最強力的粒子加速器LHC

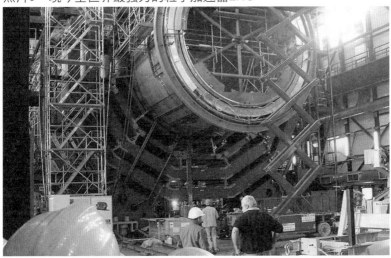

（照片：CERN）

「對稱性」與「超對稱性」

　　「對稱性（symmetry）」是極為具體、隨處可見的概念，例如，我們會用「對稱」來形容看起來「協調」的事物，也會欣賞和諧、均衡、平衡的事物。

　　而在物理學中，有一種依據對稱性而產生的抽象概念，描述某一物體經由多重「操作」，仍然保有原本性質。

圖8　超對稱粒子

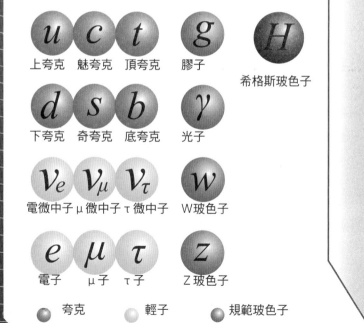

實際上，大多物理法則都有對稱性，大部分的系統都是對稱的。幾乎所有物理法則在時間與空間上，都具有對稱性。只有熱力學的物理法則，在時間上不具對稱性，因為熵（entropy）值，亦即失序程度，會隨時間增加。

　　物理學家經常使用「對稱變換」一詞。對一件物體進行某種操作，而此物體能夠觀測到的所有性質，都沒有變化，此操作稱為「對稱變換」，例如：任意旋轉一個球體，球體都會保持原來的形狀，沒有變化。換言之，這個球體所代表的系統，具備旋轉對稱的性質。

　　舉例來說，假設我們對兩群貓進行跳躍力測定。其中一群貓位於日本東部，另一群位於日本西部。假設這兩群貓的平均跳躍力沒有差異，亦即東日本貓和西日本貓的跳躍力可互相交換，這就是對稱性。

純量
上夸克　魅夸克　頂夸克

超膠子

超希格斯粒子

純量
下夸克　奇夸克　底夸克

光超子

純量電　純量μ　純量τ
微中子　微中子　微中子

超W子

純量　純量　純量
電子　μ子　τ子

超Z子

 純量夸克　　　 純量輕子　　　 超規範子

瞭解整體系統的對稱性是極重要的。以上述的例子來說，日本兩地的貓擁有相同跳躍力，代表不論位於何處，地球的重力對這兩群貓都有相同作用，這就是「對稱性」於系統中的意義。

　　「超對稱性（supersymmetry）」是1971年由蘇聯物理學家由里・格爾夫登、艾夫居尼・黎克特曼等人所提出，這是為了使科學家發現的兩種粒子──費米子（Fermion）與玻色子（Boson）──統合於單一系統，以完成作用力與粒子之統一理論。

　　電子、質子、夸克等，構成物質所需的所有粒子，都是費米子。力的出現是因為各個玻色子（即規範玻色子）所產生的作用力。由此可知，這兩種粒子是完全不同的。費米子為半奇數的角動量自旋粒子，而玻色子則是整數角動量自旋粒子。如何才能將這兩者統合呢？

　　在超對稱理論的世界，任何粒子都有與它相對的粒子群組，稱為「超對稱粒子（superpartner）」，因此所有玻色子的超對稱粒子都是費米子，所有費米子的超對稱粒子都是玻色子（圖8）。

　　按照超對稱理論的看法，在某一種情況下，其中一方的粒子群組可以轉換為另一方的粒子群組（即玻色子與費米子互相之間的「對稱變換」操作）。

　　雖然現階段，科學家都沒發現超對稱粒子的存在。不過，超對稱理論能將弦理論的純粹數學形式單純化，因此弦理論的研究者認為超對稱概念可能是真實的。

第七章

人類是膜宇宙的居民？

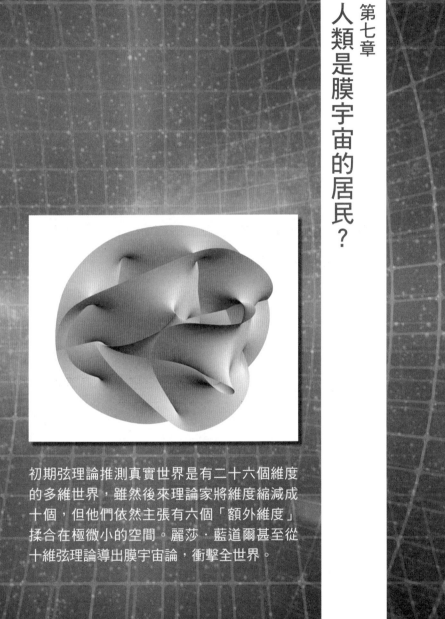

初期弦理論推測真實世界是有二十六個維度
的多維世界，雖然後來理論家將維度縮減成
十個，但他們依然主張有六個「額外維度」
揉合在極微小的空間。麗莎‧藍道爾甚從
十維弦理論導出膜宇宙論，衝擊全世界。

比十維空間更難解的謎

弦理論認為，標準模型指出的所有粒子都擁有不同的生命週期。

依標準模型理論的定義，建構物質的單位是零維度的粒子，但弦理論卻不認同這一點，弦理論認為構成物質的單位是質子的千億分之一──極微小的粒子，且具有一維度的長度。

照片1

我們所處的宇宙，潛藏著人眼無法看見的十維度？

（照片：NASA/ESA）

　　弦理論的主張如下：弦是可以振動的，當弦發生振動，根據波動方程式可知振動的弦會產生「固有頻率的共振」，而這個共振會生成物理學所說的「粒子（particle）」。因為共振的模式有無限多種，所以誕生於振動弦的物質會有無限多種。因此，弦理論可說明自然界是由各種粒子所構成的情形。

　　雖然在物理學上並不難觀測到粒子的共振現象，但是弦理論所運用的「多維度」等概念卻令人難以理解。我們必須先瞭解人們認知的世界是由三維空間加一個時間維度所構成，接著拋去這種認知，不要讓它妨礙我們理解弦理論。

　　早期弦理論必須運用二十六個維度，現在縮減成十個維度，為什麼需要十個維度呢？這只是物理學假設的先決條件嗎？

　　其實不是如此，這是因為數式需要十個維度。如同席瓦茲與格林的主張，用十維度來運算弦理論，理論的矛盾會調和、消失，化整為零，只留下存在於十維度的弦。

　　加來道雄的《穿梭超時空》提到這個計算過程：

　　「我開始計算弦在N維度空間中，數式如何離散再結合，卻漸漸出現許多無意義的項式，拖垮這理論的精彩推演……如果要讓這些無意義、不合理的項式消失，必須將10代入N。而目前人們知道的所有量子理論中，只有弦理論要求把時空維度限制於某個特定數值。」

時空的十維度只是一種假設性的，數式的演繹？

答案很可能是Yes。不過弦理論的研究者對此有不一樣的看法，他們認為十維度複雜的數式演繹正代表它潛藏於現實世界的深處。而且弦理論的數式運算過程中，竟然出現愛因斯坦場方程式的身影，這個讓人難以置信的事實衝擊了當時的物理學家。這現象是在暗示更深入本質的真實世界嗎？

我們不討論此事，先來看加來道雄的觀點。他認為這現象代表高維度的幾何學將成為弦理論的核心，但目前我們無法證實這個看法，加來的看法成為另一個「更難解的謎」。

普林斯頓弦樂四重奏與卡拉比-丘流形

弦理論研究者　大自然之神啊，請稍等一下。這份新的理論對我們的現實空間來說，不大合適啊。弦理論需要十維度，但現實世界只有四維度啊。

大自然之神　我將「卡拉比-丘流形」理論送予你們。這是無與倫比的工具，應能讓弦理論毫無疑問地納進四維度。

弦理論研究者　若是如此，請讓予我吧。

大自然之神　喜而授之。

十維流形（十維空間）代表，除了我們已習慣的四維度時空，還有六個「額外」維度藏在我們看不到的地方。同於卡魯扎-克萊因理論套用到第五維度的方式，這六個額外維度之大小約為普朗克長度（參照第133頁註4），非常微小。這六個額外維度如何收束於四維時空呢？

圖1　六維時空

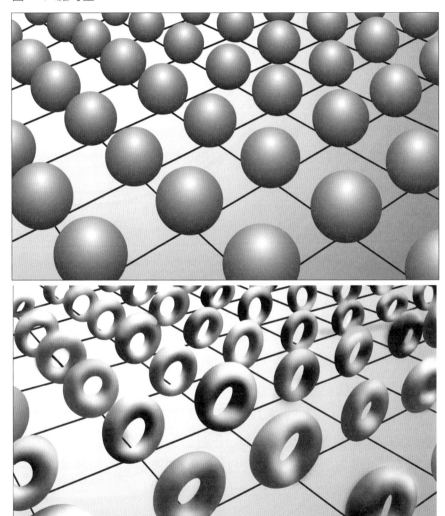

四維時空以外的兩個額外維度緊緻化，形成六維時空。上方的圖假設額外
維度為球形、下方的圖則假設額外維度為環形（甜甜圈狀）。
（資料來源：Brain Greene, The Elegant Universe，1999）

如果額外維度只有一個，只需將這個額外維度捲曲成中空圓柱狀，而中空圓柱狀的維度能夠存在於四維時空的任意位置（點）。

如果額外維度有兩個，應是兩種二維緊緻化流形，一種可能捲曲成球形，一種可能是環形，且可以存在於四維時空的任意位置（圖1）。

但超弦理論有六個額外維度，我們無法用如此簡單的方法將多個額外維度捲曲成封閉的空間流形。因為有多種捲曲方法，所以這六個額外維度可能捲曲成的空間流形會非常多。我們沒有辦法隨意地將這些額外維度捲曲、折疊，因為額外維度的幾何學形狀構成有非常嚴格的限制條件。

有人認為這六個額外維度可能會形成某種特殊的圓環狀。不過為了讓弱核力的方向能夠區分左右，圓環狀的額外維度並不相容於標準模型理論的核心部分。

因為夸克與輕子等粒子會自旋（註1），自旋有左旋及右旋兩種方向，粒子的弱核力會因為不同的自旋方向產生完全相異的作用形式。而弱核力只作用於左旋粒子，不作用於右旋粒子。

對弦理論而言，弱核力不作用於右旋粒子是一個很大的問題。因為標準模型有很大一部分在討論粒子的弱核力。如果無視這個事實，硬是將無區分左右自旋的標準模型套入弦理論，實在是無意義的行為。

註1　自旋

自旋為粒子所具備的多種物理性質（自由度）之一，與自轉有相似的性質。但因為這些自旋粒子是「點」，所以不同於擁有質量之物質的自轉運動。

　　1985年，有四位美國的物理學家發現能讓弦理論脫離這個僵局的方法。這四人都任教於普林斯頓大學，他們是戴維・格婁斯、杰弗裡・哈維、艾米・馬汀尼，以及克雷恩・羅姆。

　　他們為了使六維度成為封閉空間而提出「卡拉比-丘空間（卡拉比-丘流形）」（圖2），這是應用於幾何學的知名方法，在弦理論出現以前，美國的數學家歐亨尼奧・卡拉比與數學家丘成桐即研究出這個空間。

圖2　卡拉比-丘流形

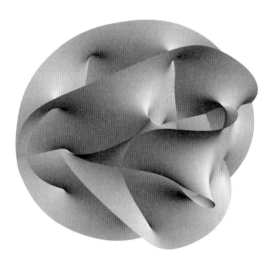

依據弦理論，這個宇宙是十維時空，有六個維小的額外維度交互摺疊，形成上圖的複雜結構。

他們研究出來的新型弦理論稱為「雜型弦理論（Heterotic String Theory）」，當時，他們被戲稱為「普林斯頓弦樂四重奏（Princeton String Quartet）」，實際上真的有普林斯頓弦樂四重奏樂團。

圖3　普林斯頓弦樂四重奏

普林斯頓大學的四名研究者，建構出五種弦理論以及一種雜型弦理論（迴圈封閉型的弦）。

（插畫：木原康彥/Yazawa Science Office）

　　不久後，會有四位物理學家朝向相同的研究方向，探討如何將弦理論完整套用於最新的粒子物理實驗數據，並將之寫成論文。而完成這份論文的其中一位研究者就是引領弦理論發展的知名學者——愛德華·維騰（照片2）。

照片2　愛德華·維騰

1995年，他提出統一五種弦理論的「M理論」，打破弦理論研究長久以來的困境。還曾獲數學界諾貝爾獎之稱的菲爾茲獎。

隨後，維騰即發表稱為「M理論」的理論模型，甚至榮獲「現世最偉大的科學家」以及「愛因斯坦的繼承者」等美譽。

卡拉比-丘流形的數學模型非常特殊而複雜，因此，我們只能試著描述二維卡拉比-丘流形。下文是卡拉比-丘流形的大致概念。

讓通過卡拉比-丘流形空間的弦振動，此弦的外形與排列將會直接影響所有的共振模式。也就是說，不同的共振模式會表現出不同的粒子。

另一個典型的卡拉比-丘流形，有跟二維環面很像的孔洞，而這會影響共振模式。二維環面只有一個孔洞，但卡拉比-丘流形的多維構造擁有非常多孔洞，有的卡拉比-丘流形有三個、四個、五個、二十五個孔洞，甚至有的卡拉比-丘流形擁有四百八十個孔洞。

而且，若我們看不見的六個額外維度，可以根據卡拉比-丘流形，形成緊緻化的六維流形，即可能出現數萬種，乃至數百萬種形狀的流形（沒人能確定有多少流形）。

如此一來，六個額外維度的形狀將面臨「唯一性（uniqueness）」問題，亦即我們必須面對如何在多種幾何流形中，選出一個適當流形的問題。

關於這個問題，麥克‧格林約十年前的著作寫到：「如果世上有能夠選出最適當的卡拉比-丘空間流形的原理，我們要如何找出這個原理——這個問題至今仍未解決。」

這是一個非常大的難題。因為弦理論得出的物理性質結論會被封閉型維度的正確形狀影響。因此，如果沒辦法恰當地選擇卡拉比-丘流形，會如格林所言：「導出無法用實驗證明的理論。」

由此可知，超弦理論不是單純的理論，因為導入高維度讓此理論變成複雜難解的物理模型。

整合五種弦理論的M理論

弦理論研究者　大自然之神啊，請再等我一下吧。誕生自卡拉比-丘空間理論的多維流形實在多到令人難以接受。這麼多種流形我實在無法分析完。弦理論是負值「宇宙常數」（宇宙斥力，註2）的理論，但是我手上只有正值的宇宙常數。請問我該怎麼辦呢？

大自然之神　你們放寬心。這必須用萬用膠帶才能解決，你們僅須以此膠帶黏合卡拉比-丘流形、弦與膜（Brane）。

註2　宇宙常數（宇宙斥力）

表示空間互相排斥的作用力（萬有斥力）常數。1917年，愛因斯坦依據廣義相對論創造宇宙模型，他為了使宇宙處於「靜止」狀態，而在愛因斯坦場方程式加入宇宙常數，之後又「後悔」而取消，因此人們多跟隨愛因斯坦，把常數項（稱為宇宙常數項的比例係數）標為Lambda（Λ）。現在宇宙學把宇宙常數用來表示真空中的能量密度。1990年代前半期的觀測結果顯示，此常數為正值。

1990年代初期，弦理論的未來發展被過度評價為怪物理論。當時竟然同時存在著五種弦理論（圖4）。而這五種弦理論依各自不同的相互作用構成，而且都是沒有矛盾的弦理論。這種現象究竟代表什麼意義呢？這意味著可能存在的多維空間有無限多個。

事實上，將十維度壓縮進四維時空的方法非常多，共有10^{500}種！這個數值甚至超越宇宙中所有原子的總數。在這種情況下，根本找不出讓理論符合現實的原理。

許多物理學家對這般不合理的情形展開無情的批判，包括舉世聞名的諾貝爾獎得主理查德・費曼（照片3、註3），以及第二次世界大戰後許多才氣橫溢的實驗物理學家。

圖4　弦理論的相互作用

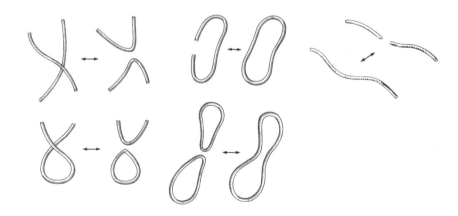

封閉弦與開放弦的相互作用基本示意圖。

（圖：Yazawa Science Office）

　　費曼主張自然的原理是單純的，所以自然才會如此美麗。1988年，他在迎向死神的懷抱前，留下一段話：

　　「我致力於思考弦理論，強烈地感受到……我認為這些極為不正常的多種超弦理論，發展方向完全錯誤。」

照片3　理查德・費曼

他擁有充滿獨創性與幽默感的說話方式，是著名的二十世紀物理學家。費曼一生都否定弦理論。　　　　　　　　（照片：AIP/ Yazawa Science Office）

註3　理查德・費曼（1918~1988年）
美國的物理學家。完成量子電動力學的「重整化理論」。1965年與朝永振一郎、朱利安・施溫格一起獲得諾貝爾物理學獎。不拘於既成看法而追求獨立的自然研究，有許多「獨創」的發明或研究，如：費曼圖。

拯救陷入困境的超弦理論的人就是愛德華・維騰。任教於牛津大學的數學家兼物理學家羅傑・潘羅斯的著作《前往真實的路程》（The Road to Reality）記載他對維騰的話：「無論你是要前往何方。如想走完剩下的路程，你必須耗費一定的時間。」

　　維騰不僅雙親是物理學家，還與另一位理論物理學家結婚。維騰毫不在意如此情形，大學時期他一頭栽進語言學的歷史研究，大學畢業的維騰甚至在1972年，參與美國民主黨總統大選候選人喬治・麥高文的總統競選活動。此後，維騰終於決定投身於物理學，他在二十八歲左右成為普林斯頓大學的正式教授。

　　維騰的某位同事如此描述他：「他總是坐在椅子上，望著窗外，腦袋計算著大量的方程式。」

　　維騰認為五種弦理論代表有一個未知理論，在等著我們去探索，而這理論有五種形式，他將之稱為「M理論」。目前無人知道「M」所代表的意義，維騰可能是想讓M代表某種特殊含意而故意不解釋。

　　世人推測M可能代表membrane（膜）、magic（魔術）或mystery（神秘的）等意思。而懷疑弦理論的人則認為這絕對是murky（隱晦）的M，以此嘲笑弦理論。

　　試著統合這五種弦理論的維騰認為，要擴展弦理論可能需要新增另外一個維度（圖5）。因此他將十個空間維度，加上時間維度，讓時空高達十一維度。

　　為什麼是十一維度呢？維騰認為，這關係到「超重力（supergravity）」這個新維度。超重力概念於二十年前開始發展，它對十一維度是必要的基礎。

　　我們簡略說明超對稱與萬有引力結合而成的超重力理論，亦即出現於怪物理論的數式。

圖5　M理論（超膜理論）

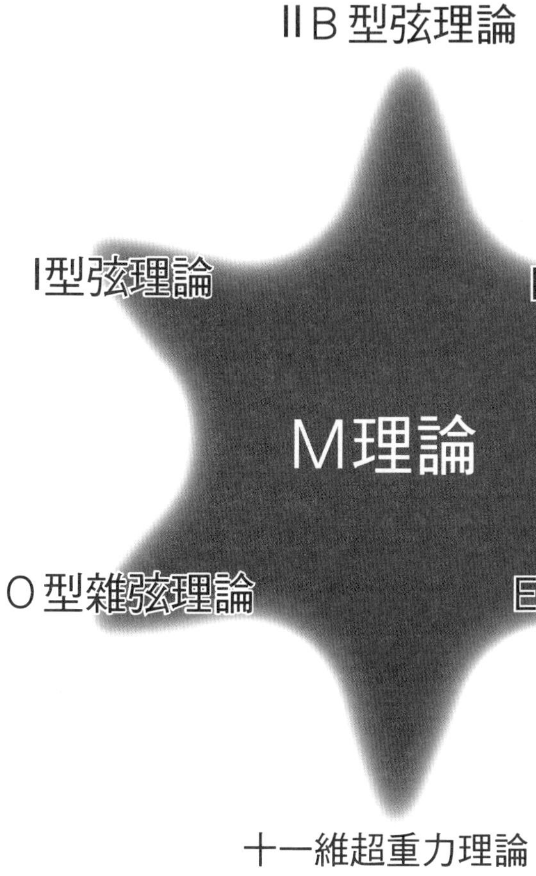

ⅡB 型弦理論

Ⅰ型弦理論

ⅡA 型弦理論

M理論

O 型雜弦理論

E 型雜弦理論

十一維超重力理論

統合十維世界的五種弦理論，再加上一個時間維度，導出十一維度的超重力理論。

數學家黎曼所推導的度規張量，只由十個分量構成。與之相對的，超重力理論的「超度規張量」，則由數百個分量構成，而專心致力於此的數學家則必須挑戰如此複雜的數式。

　　這些弦理論的研究者都在期望M理論能夠將多種超弦理論統合為單一理論，成為一個完整無矛盾的最新萬有理論。不過，目前統一理論還是個遙遠的夢想，因為五種弦理論都來自M理論所導出的理論，M理論不只已超越弦理論，甚至擴展到我們無法理解的領域。

　　在字詞前加上「超（super）」的物理用語不只有各位目前所知的超對稱及超重力，還有十一維度M理論提到的「超膜」。

　　超膜並不是最新的概念，超膜的發展史可以追溯到1980年代初期，直到1990年代，超膜概念才因為弦理論的研究而復活，弦理論研究者期望將超膜概念套用於弦理論，能夠解決弦理論的許多難題。

　　他們甚至主張，不只弦，還要將稱為brane（註3）的「高維度薄膜」代入理論，使超弦理論能夠成為更具功能性的理論。

漂浮著各種「泡沫宇宙」的「多元宇宙空間」

　　讓我們用一個簡單的劇本來介紹超弦理論的發展，首先弦的末端不能接觸虛無空間，亦即弦一定會形成封閉的環狀（roop）。不過，維度膜概念出現後，這個想法完全改變──維度膜可能有「開放的弦」。

註3　brane

brane來自membrane，membrane是「膜」的意思。

　　開放弦的兩端點通常是基礎粒子，而且開放弦的兩端沒有辦法脫離維度膜，受限於維度膜。由此可知，膜理論是統合質量、能量及電荷等，自然界所有事物的理論（圖6）。

　　維度膜被定義為，存在於高維度空間的低維度空間，就像浴室（三維空間）中的浴簾（二維度的薄膜）。

圖6　維度膜的「開放弦」

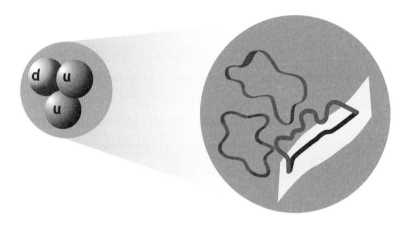

膜理論提出，除了重力，其他三種作用力（強核力、弱核力、電磁力）的媒介粒子，以及構成所有物質的粒子，都表現為「開放弦」的形式。弦之兩端無法脫離維度膜，粒子會被黏在維度膜。另一方面，重力的媒介粒子是由「封閉弦」所組成，因此能夠在五維空間（體）中，隨意地移動。　　　　　　（資料來自：NASA）

維度膜還以多維度「面」的形式，存在於高維度空間，稱為「2-膜」或「3-膜」。其中，最令人感興趣的是3-膜，因為3-膜存在於我們所處的三維空間。

我們雙眼所見的世界，就是3-膜，我們所處的世界如同海中泡沫，又如同在高維度大海上載浮載沉的三維度島嶼。

理論學家將這個巨大的高維度空間稱為「體（bulk，大空間）」空間。換言之，膜理論是由漂浮在體空間的維度膜所構成。

體空間理論完全超越人類的想像。體空間是三維度、四維度、五維度等空間，和混雜其間的高維度膜，共存的無限大空間。弦理論研究者將包含各種「泡沫宇宙」（我們所處的宇宙只是其中之一）的體宇宙，稱為「多元宇宙」（multiverse），而非「宇宙」（universe，指只有一個宇宙）。

簡化M理論的「膜宇宙論」

M理論像個包含十一維度的複雜宇宙劇本，這十一個維度包含我們所處的四維時空、超弦理論的緊緻化六維空間，以及一個額外維度。

第十一個維度的性質與其他緊緻化的維度十分不同，一般認為第十一個維度是個極大的維度空間。研究者為了連結十維度的超弦理論與十一維度的M理論，而導入第十一個維度，這是個非常複雜的概念。

1999年，任職於MIT（麻省理工大學）的麗莎‧藍道爾（照片4）與她印度裔美國籍的研究夥伴雷曼‧尚德倫開始思考簡化M理論的理論模型。不久後，兩人建構出廣為人知的「藍道爾-尚德

照片4　麗莎·藍道爾

史上第一位擁有普林斯頓大學、MIT、哈佛大學的理論物理學之終身任職權的女性
教授。1990年便已美貌與敏銳思維著稱，被稱為理論物理學界的新星。1999年同
尚德倫一起提倡「翹曲額外維度」的概念模型，而廣受注目。

圖7　膜宇宙模型

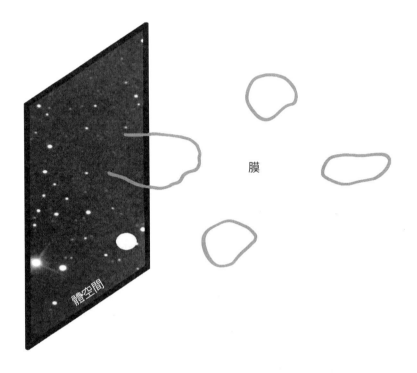

依據此假說，我們現在所見的四維時空（三維空間與時間維度）之宇宙將封閉於膜（brane）之中，而這個維度膜將含括在更高維度的五維時空中（亦即「體」）。
（資料來源：L. Randall, Warped Passages, Allen Lane（2005））

倫的膜宇宙模型（Randall-Sundrum model）」。

這個理論所需的額外維度數量與百年前卡魯札所構想的模型一樣，只需要一個。這個理論只有五維時空，卻能形成巨大的體宇宙空間，其中包含三維空間及單一時間維度組成的維度膜。

此維度膜因為膜內充滿物質所以具有質量，而這個質量會使額外維度彎曲，這概念同於愛因斯坦廣義相對論的概念：物質（質量）會使空間彎曲。膜宇宙理論模型推測出「被扭曲的五維度」，亦即五維度的翹曲空間。

這個翹曲空間的引力非常強大，會發生「事象地平線」的現象，意思是指，任何粒子進入此翹曲空間，將不可能逸出。

而如此的膜宇宙模型，我們改如何描繪它、理解它呢？

圖7為存在於高維度體空間的三維度膜示意圖，將我們所見的宇宙空間化為二維平面。雖然我們將維度膜納入此圖的範圍，其實這個維度膜是沿著各個維度，一直擴展到無窮遠，而物質界的萬物被完全封鎖於此維度膜。唯一能夠感受到體空間的是重力，能在體空間裡面，自由移動的「封閉弦」則是重力的媒介粒子。

「重力膜」與「弱力膜」

初期的膜宇宙模型理論只考慮到一個維度膜，但是不久後，理論物理學家開始擴展此理論模型，試圖導入兩個維度膜。

這個改良型的膜宇宙模型由兩個互相平行的膜宇宙構成（圖8），體空間如同三明治，夾在兩個維度膜之間。因此，這兩個膜宇宙之外，沒有任何事物，而由兩個膜宇宙包圍起來的體空間內部則能擴展出擁有無限可能的時空。

圖8　兩個膜宇宙

此模型指出我們所在的宇宙也就是已存在的一個膜宇宙，而其與另一個膜宇宙之間充滿一整個體空間。

　　此膜宇宙模型理論說明為什麼我們只能感受到非常微弱的重力，甚至比原子間的作用力（強核力與弱核力）、電磁力等微弱，而可忽略不計。此膜宇宙模型理論解決了物理學家長久以來的疑問。

　　此膜宇宙模型顯示，重力微弱的原因在於這兩個膜宇宙中的某一個宇宙。為了解決這個問題，此模型假想宇宙是成對的空間。什麼東西能夠往返於兩個膜宇宙，亦即什麼物質的質量會時而變大，時而變小呢？若兩個維度之間的體空間是翹曲空間，便能回答這些問題。

　　我們來思考膜宇宙與重力的關係吧。假設重力受縛於其中一個膜宇宙——重力膜。對這個膜宇宙而言，重力會與其他三種作用力一樣大，不過因為體空間為翹曲狀態，所以有時在另一個膜宇宙，也就是我們居住的膜宇宙——弱力膜，重力會變弱。

　　重力場在額外維度中擴展，因此在抵達我們所在的弱力膜宇宙之前，重力會逐漸變弱。我們感受到的重力極其微弱，是因為重力場的擴展使重力的強度逐漸弱化，到指數函數的數十個數量級。

　　即使這兩個膜宇宙沒有相差太遠，它們的質量大小也可能會天差地別——從十六個數量級到1兆倍×1兆倍的差距都有可能（圖9）。

　　膜宇宙模型不只有這一種類型，但藍道爾與尚德倫所發現的膜宇宙模型表現出異常奇妙的可能性，亦即翹曲的五維度為無限廣闊的空間，而我們無法觀察到額外維度的存在，而且弱力膜與五維度之間並沒有邊界。這個維度膜甚至可能被拋入「無限多額外維度」的正中央。

圖9　重力膜與弱力膜

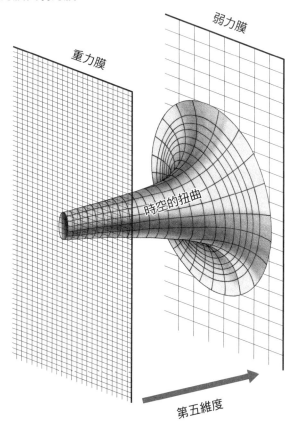

弱力膜

重力膜

時空的扭曲

第五維度

我們的弱力膜宇宙，以及另一個維度膜的「重力膜」，兩者被翹曲的五維時空（體空間）分隔開。物體由重力膜移向弱力膜，此物體的體積會增大，質量與能量會減少。總而言之，重力由重力膜傳到弱力膜之後，弱力膜感受到的重力會非常微弱。

（資料來源：L. Randall, Warped Passages, Allen Lane，2005）

追求卡魯扎-克萊因粒子（ＫＫ粒子）

膜宇宙真是奇妙。弦理論的先驅者皮耶爾・拉蒙曾對此發表看法：

「膜宇宙的出現雖然使我浮現許多想法，但我卻不清楚這些想法意味著什麼。」

某些學者期待利用膜宇宙模型，觀察來自高維度空間的粒子。

這些懷抱著期許的科學家包含麗莎・藍道爾，她將這個可能從體空間穿梭到弱力膜的假想粒子，稱為「卡魯扎-克萊因粒子」，簡稱KK粒子。藍道爾認為KK粒子是額外維度的起源，而且KK粒子會化為特殊的姿態，出現於我們所處的四維時空。

不過，如何才能夠觀測到這種特殊粒子呢？以現有的理論與技術，還無法參透「普朗克長度」與「緊緻化」的額外維度等研究主題，所以人類目前仍不可能觀測到此特殊粒子。

膜宇宙模型理論認為額外維度很有可能比普朗克長度長很多，用藍道爾的話來說，額外維度可能「無限長」。

在膜宇宙模型極為扭曲的幾何學世界，KK粒子具有Tera電子伏特的能量（質量），即一兆至數兆電子伏特的能量階級。如果KK粒子確實存在，我們只需提供此超高能量，便有可能觀察到KK粒子。

瑞士CERN（Conseil Européen pour la Recherche Nucléaire，歐洲核子研究組織）的大型強子對撞加速器LHC（參照第175頁COLUMN①）可以產生如此高的能量。

LHC能夠將質子加速到每秒將近三十萬公里的亞光速狀態，

使質子互撞，產生衰變，形成極不穩定的超高能量粒子。但這個高能量粒子會在形成的一瞬間，產生衰變，變成低能量粒子，而被巨型檢測裝置觀測到。

　　使用LHC，KK粒子會跟其他粒子一樣，歷經形成、衰變的過程，若我們能依據這些數據，推算KK粒子衰變前的質量與自旋角動量，我們便能知道KK粒子的性質。

　　若真如此，或許我們就能得到人類是膜宇宙居民的證據。

作為後記的終章

數學家與物理學家目前還在研究維度與空
間，但目前看起來，這些研究仍有一大段路
要走。人類雖然只感受得到三維空間，卻努
力思考這世界是否是四維時空，如果想要從
科學的角度，去了解這個世界，人類應該繼
續研究維度。

數學家與物理學家的墓誌銘

我們探討了許多「維度」的意義以及各種解釋維度的文章，提到維度可能是由零維度開始直到無限維度，亦即可能存在著無限多個維度。

不過，這不代表人類可以在我們生活的這片宇宙，用眼睛看到這些維度，我們也無法用手摸到維度。即便我們捲起地毯挖地三尺，甚至用哈伯太空望遠鏡觀測廣闊遙遠的銀河星群，我們仍看不見維度，銀河旁邊不可能圍繞著漂浮的維度。我們只能看見地毯下面的地板，或更深處的泥土與岩石等，而遠方只有構成銀河的恆星、行星以及星體之間的宇宙浮塵等實體物質。

儘管如此，維度研究的歷史仍與人類文明的歷史一樣漫長，而這段始於古埃及時代的歷史，代表人類開始研究自己所生存的這個空間性世界，試著提出自己的理解，並將這些理解定義為廣義化法則之歷史，亦即知識探求的歷史。

維度研究史始於任何人都可以直接感受、理解的三維空間，經數學形式轉換成四維度，震驚理論物理學、科幻發燒友；二十世紀中期，出現名為量子力學的新型態物理學，世人追尋這個新潮流，在稱為量子場論的廣闊大海中邁進，這潮流使弦理論、超弦理論、M理論、多元宇宙、膜宇宙等相繼被發現。而發現這些新理論的科學家沒有停止腳步，他們不滿足於牛頓的三維空間理論或愛因斯坦的四維時空理論，他們主張人類是高維度、多維度，甚至額外維度世界的居民。

他們甚至提出假說，主張人類實際生存的、使人感到悲喜煩惱的現實世界，其實可能屬於非現實世界。

不過，如同「偉大的費曼」對當時的學術界所留下的評論，這一切科學上的追尋可能正朝向「完全錯誤的方向」。這代表人類滿足求知欲的路程，很可能朝著厚實磚牆邁進，換句話說，人類像條來自上游的長河，終將面臨尼加拉瓜瀑布，迎接高速墜落，化為飛濺水花的命運。

不過在這裡我們先不急著下定論，因為我認為大家都知道，任何人都無法預測未來。

維度的歷史是致力於研究維度者的工作史，而這些創建維度歷史的人就是古代的自然哲學家、近代的數學家和物理學家，以及稱為「維度學者」的現代理論物理學家等。

時代正在急速地邁進，而提出這些新時空理論的許多研究者，大部分是名留青史的偉大數學家、物理學家。今日著手研究新維度世界觀的人也可能成為明日的偉大科學家，將這份榮譽銘刻成自己的墓誌銘。

像我們這樣的一般民眾只需扮演持續等待的角色，或許終有一日，這些科學家能成功證明這個世界是由多維度或額外維度所構成，甚至證明這個世界符合M理論或膜宇宙理論。

時間的存在與非存在

不過，即便這些研究者克服難題，繼續邁進，他們還是離終點站很遠，因為納入「時間」的維度（時空）是以宇宙的根本性質為基礎發展出來的，但是宇宙真的只有這一種根本性質嗎？

目前人類與時間的關係，尚未有定論，即使是歷史上眾多的偉大科學家都無法解答此問題。

這個問題不是要問如何計算時間的分秒，而是指時間代表的意義，舉例來說，「使事物由過去朝未來邁進，具備連續性與不可逆性，是非空間形式的連續體」就是時間的一般定義。

各位讀者能夠理解這個定義嗎？此定義用數學、物理學、工程學等領域常用的「連續體」概念，來描述時間的性質。

連續體（continuum）是將某物視為「連續的、無限小的點（零維度）」，而套到宏觀模型的專有名詞，代表「不計較細節，以整體來看，某物具有連續性。」但這其實是不夠嚴謹的說法。

雖然四維時空有時會稱為「時空連續體」，但這只是以相對論的時空共通法則，來解釋時空概念。相對論對寬廣宇宙、亞光速物體來說是成立的，這一點已由天體觀測證明。因此，以相對論為基礎創造的理論，無論有多不可思議，還是可能被人們接受，因為沒有人能夠篤定地否認它的正確性。

圖1　巴門尼德

巴門尼德的哲學中心思想是「理性地認知『存在之事物』」，他是愛利亞學派的創始人。

不過，我們所處的時空處於捲曲封閉的狀態，所以我們到底是哪種時空連續體的居民，這問題連物理學家都沒辦法回答。因此，對生活在地球表面的人類而言，我們所處的空間是絕對空間，時間也是絕對時間。

如果我們將科學放在一旁，改用哲學觀點思考，我們會無法確定宇宙中，是否有時間的存在。

兩千多年以前，古希臘哲學家巴門尼德已經研究過時間的非實在性（圖1）。巴門尼德認為時間並不存在，本質上，物體並不會發生變化。

舉例來說，巴門尼德主張，若物體要運動一公尺，物體必須先移動一公尺的無限分之一長度，但所有物體都沒辦法無限次重覆此動作，所以物體是不可能運動的，事物是不可能變化的，而時間不會流動，事物就是自己的開始與終結，變化的過渡狀態並不存在。

巴門尼德的弟子芝諾曾經提出與此相同的主張。芝諾指出，物體不可能有運動狀態，因為將物體的運動狀態，分成各個瞬間來看，每一瞬間的物體都是靜止的，看似具有連續性的運動，其實是由每一瞬間的「靜止」物體組成。

一如以拉丁文記述的箴言：「時間只在它高興的時候流動。」科學家不能客觀地定義時間，因此我們無法否定巴門尼德與芝諾的主張。

我們的立足點是什麼？

這不只是古代哲學家的見解，英國的現代理論物理學家朱利安・巴伯（照片1上方）1999年出版的《時間的終結》（The End of Time）（照片1下方），寫到巴伯深入研究廣義相對論（關於宇宙的宏觀性質）與量子力學（關於宇宙的微觀性質）等理論，得出與巴門尼德等人一樣的見解——向前流動的時間並不存在。

巴伯認為人類感受到的時間只是幻覺。這讓現代理論物理學出現許多難題，尤其是統一廣義相對論與量子力學的量子重力論（萬有理論），因為廣義相對論與量子力學都以時間的存在為前提，而巴伯的主張卻與之相背。

巴伯甚至認為人類所認知的「過去」，只是記憶的產物，人類會開始思考未來只是因為人類堅信未來的存在，並非未來真的存在。

巴伯主張「變化只是時間產生的幻想，每一瞬間的物體即是一個完整的存在」，他將每一瞬間稱為「nows」。

按照巴伯的見解，宇宙中的運動與變化都是不存在的，而人類會對時間產生錯誤的認知，是因為人類對運動、變化與歷史的解釋，都是固定的思想模式。

先於巴伯一個世紀，1908年，任職於劍橋大學的哲學家兼形上學學者約翰・麥塔加的著作《時間的虛幻性》（The Unreality of Time）亦得到與巴伯一樣的結論。

照片1　朱利安‧巴伯

巴伯認為人類對「時間」的感覺，只是無
數個瞬間合成的幻影。右側為他的著作
《時間的終結》（The End of Time）。

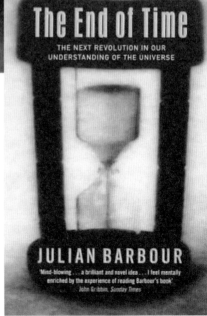

　　與麥塔加同一時代的愛因斯坦說過：「我們這些相信物理學真實性的人清楚知道，要區分過去、現在與未來，只是執迷的幻想。」或許我們應該用這句話來思考人類與時間的關係。

　　此外，因夸克理論而於1969年得到諾貝爾物理學獎的默里・蓋爾曼，認為無論物體以什麼形式展現於這個世界，都是「『凍結』於時間之中的偶然」。

　　換言之，大部分現代理論物理學家和一般民眾皆深信不疑的相對論、依據相對論發展出來的四維時空論，以及多維宇宙等概念，都存在著許多問題。這真像被新形式數學迷惑的現代物理學，所演繹的魔術表演啊。

　　即使物理學的發展已非常迅速，但對生於二十一世紀初期的我們來說，這個問題的答案仍然無解。不過，至少我們可以肯定，我們是三維世界的居民，甚至是四維流形（三維空間加一個時間維度）的居民。

　　我們所處的世界可能是漂浮於體宇宙空間（此體宇宙空間位於兩個無限寬廣的膜宇宙之間），無數泡沫宇宙的其中之一。為了這個問題整晚無眠的我們，或許只是處於「靜止的無數瞬間」（巴伯主張的時間概念），以「普朗克長度的弦」組成的微型有機體。

索引

國家圖書館出版品預行編目（CIP）資料

3小時讀通次元 / 矢澤潔、新海裕美子、
Heinz Horeis作；葉秉溢譯. --
　初版. -- 新北市：世茂, 2014.10
　　面；　公分. -- （科學視界；174）
　ISBN　978-986-5779-51-1（平裝）

　　　1. 拓樸學

315　　　　　　　　　　103016366

科學視界 174

3小時讀通次元

作　　者／矢澤潔、新海裕美子、Heinz Horeis
審 訂 者／洪萬生
譯　　者／葉秉溢
主　　編／陳文君
責任編輯／石文穎
出 版 者／世茂出版有限公司
負 責 人／簡泰雄
地　　址／(231)新北市新店區民生路19號5樓
電　　話／(02)2218-3277
傳　　真／(02)2218-3239（訂書專線）
　　　　　(02)2218-7539
劃撥帳號／19911841
戶　　名／世茂出版有限公司　單次郵購總金額未滿500元（含），請加50元掛號費
世茂官網／www.coolbooks.com.tw
排版製版／辰皓國際出版製作有限公司
印　　刷／祥新印刷股份有限公司
初版一刷／2014年10月
　　二刷／2018年1月
Ｉ Ｓ Ｂ Ｎ／978-986-5779-51-1
定　　價／300元

Jigen towa Nanika
by Kiyoshi Yazawa, Yumiko Shinkai, Heinz Horeis
Copyright©2011 Yazawa Science office
Chinese translation rights in complex characters arranged with SB Creative Corp., Tokyo
through Japan UNI Agency, Inc., Tokyo and Future View Technology Ltd., Taipei

讀者回函卡

感謝您購買本書，為了提供您更好的服務，歡迎填妥以下資料並寄回，
我們將定期寄給您最新書訊、優惠通知及活動消息。當然您也可以E-mail：
Service@coolbooks.com.tw，提供我們寶貴的建議。

您的資料（請以正楷填寫清楚）

購買書名：＿＿＿＿＿＿＿＿＿＿＿＿＿＿＿＿＿＿＿＿＿＿＿

姓名：＿＿＿＿＿＿＿　生日：＿＿＿＿年＿＿月＿＿日

性別：□男 □女　　E-mail：＿＿＿＿＿＿＿＿＿＿＿＿＿

住址：□□□＿＿＿＿縣市＿＿＿＿＿鄉鎮市區＿＿＿＿＿路街
　　　　　＿＿＿段＿＿＿巷＿＿＿弄＿＿＿號＿＿＿樓

　　　　聯絡電話：＿＿＿＿＿＿＿＿＿＿＿＿＿＿＿＿＿

職業：□傳播 □資訊 □商 □工 □軍公教 □學生 □其他：＿＿＿

學歷：□碩士以上 □大學 □專科 □高中 □國中以下

購買地點：□書店 □網路書店 □便利商店 □量販店 □其他：＿＿＿

購買此書原因：＿＿ ＿＿ ＿＿ ＿＿ ＿＿ ＿＿（請按優先順序填寫）
1封面設計　2價格　3內容　4親友介紹　5廣告宣傳　6其他：＿＿＿

本書評價：＿＿ 封面設計 1非常滿意 2滿意 3普通 4應改進
　　　　　＿＿ 內　　容 1非常滿意 2滿意 3普通 4應改進
　　　　　＿＿ 編　　輯 1非常滿意 2滿意 3普通 4應改進
　　　　　＿＿ 校　　對 1非常滿意 2滿意 3普通 4應改進
　　　　　＿＿ 定　　價 1非常滿意 2滿意 3普通 4應改進

給我們的建議：＿＿＿＿＿＿＿＿＿＿＿＿＿＿＿＿＿＿＿＿
＿＿＿＿＿＿＿＿＿＿＿＿＿＿＿＿＿＿＿＿＿＿＿＿＿＿＿＿
＿＿＿＿＿＿＿＿＿＿＿＿＿＿＿＿＿＿＿＿＿＿＿＿＿＿＿＿

傳真：(02) 22187539
電話：(02) 22183277

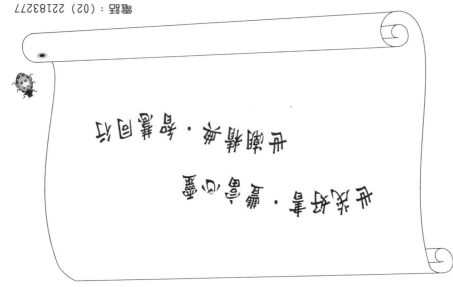

出版社·總經銷商·圖書企劃

出版社·編輯部·行銷企劃

廣告回函
北區郵政管理局登記證
北台字第9702號
免貼郵票

231新北市新店區民生路19號5樓

世茂
世潮 出版有限公司 收
智富